논리적 사고와 공간 감각을 한번에!

초등수학
쌓기나무

쌓기나무로
공간과 입체에 대한
기초를 튼튼히!

개념이 먼저다

안녕~ 만나서 반가워!
지금부터 쌓기나무
공부 시작!

책의 구성

1 단원 소개

공부할 내용을 미리 알 수 있어요.
건너뛰지 말고 꼭 읽어 보세요.

2 개념 익히기

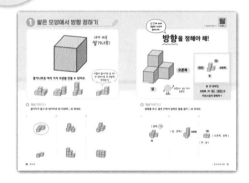

꼭 알아야 하는 개념을 알기 쉽게 설명했어요.
개념에 대해 알아보고, 개념을 익힐 수 있는
문제도 풀어 보세요.

4 개념 마무리

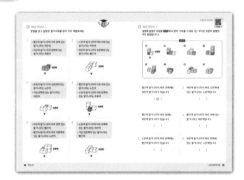

익히고, 다진 개념을 마무리하는 문제예요.
배운 개념을 마무리해 보세요.

5 단원 마무리

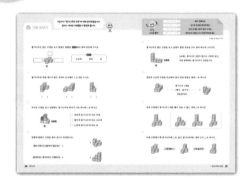

한 단원이 끝날 때,
얼마나 잘 이해했는지 8문제로
스스로를 체크해 보세요.

3 개념 다지기

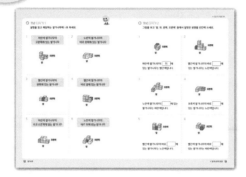

익힌 개념을 친구의 것으로 만들기 위해서는
문제를 풀어봐야 해요.
문제로 개념을 꼼꼼히 다져 보세요.

이런 순서로
공부해요!

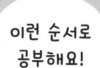

6 서술형으로 확인

배운 개념을 서술형 문제로
확인해 보세요.

7 쉬어가기

배운 내용과 관련된 재미있는 이야기를
보면서 잠깐 쉬어가세요.

잠깐! 이 책을 보시는 어른들에게...

1. 이 책은 도형에 대한 공간 감각을 기를 수 있도록 구성한 책입니다. 도형은 초등학교 1학년부터 6학년까지 전과정에 걸쳐서 나옵니다. 그리고 중등 과정에서는 도형의 기본 요소인 점, 선, 면부터 새롭게 학습을 시작하지요.

그러나 초등 과정에서는 이러한 추상적인 개념보다는 우리 주변에서 흔히 접할 수 있는 구체적인 사물을 이용하여 도형에 접근합니다. 그래서 평면도형이 아니라 입체도형부터 등장하게 되지요. 각 도형의 정확한 이름을 알려주기보다는 상자 모양, 공 모양, 원통 모양 등으로 부르면서, 도형의 모양을 관찰하고 굴려보고 쌓아보는 구체적인 활동을 통해 도형의 성질을 공부합니다.

그리고 크기가 같은 주사위 모양의 교구(쌓기나무)를 쌓으면서 입체와 공간에 대한 이해를 시작합니다. 예를 들어, 3층으로 쌓으려면 반드시 1층, 2층이 먼저 쌓여 있어야 한다는 사실을 자연스럽게 받아들이는 것이지요. 즉, '3층으로 쌓여 있다.'는 것은 1층과 2층이 있다는 것을 함축하는 문장이 됩니다.

여기서 우리는 수학의 본질과 마주하게 됩니다. 많은 사람들은 수학이 무언가를 계산하거나 수와 관련된 활동을 하는 학문이라고만 생각합니다. 하지만 수학은 논리적인 모든 활동을 의미하는 광범위한 것입니다. <쌓기나무 개념이 먼저다>는 유추하고 추론하는 활동뿐만 아니라, 쌓은 모양을 여러 방법으로 표현하는 논리적인 사고도 충분히 경험하게 합니다.

2. 이 책은 아이가 혼자서도 공부할 수 있도록 구성되어 있습니다. 그래서 문어체가 아닌 구어체를 주로 사용하고 있습니다. 먼저, 아이가 개념 부분을 공부할 때는 입 밖으로 소리 내서 읽을 수 있도록 지도해 주세요. 단순히 눈으로 보는 것에서 끝내지 않고 소리 내어 읽어가면서 공부한다면, 내용을 효과적으로 이해하고 좀 더 오래 기억할 수 있을 것입니다.

약속해요

공부를 시작하기 전에
친구는 나랑 약속할 수 있나요?

1. 바르게 앉아서 공부합니다.

2. 꼼꼼히 읽고, 개념 설명은 소리 내어 읽습니다.

3. 바른 글씨로 또박또박 씁니다.

4. 책을 소중히 다룹니다.

약속했으면 아래에 서명을 하고, 지금부터 잘 따라오세요~

이름: _____

차례

① 쌓기나무의 모양

② 쌓기나무의 개수

3 여러 가지 모양 만들기

4 여러 가지 모양 만들기 연습

1 쌓기나무의 모양

1 쌓은 모양에서 방향 정하기

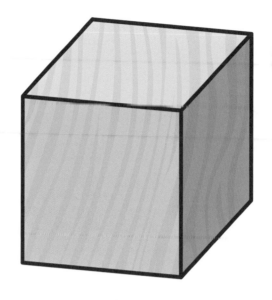

내가 바로
쌓기나무!

쌓기나무로 여러 가지 모양을 만들 수 있어요.

이렇게 끊어지면 안 돼~
한 덩어리로 된 모양만
생각하기!

▶ 개념 익히기 1

끊어지지 않고 한 덩어리로 된 모양에 ○표 하세요.

1   2   3

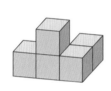
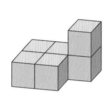
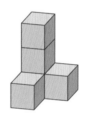
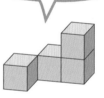

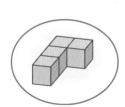

방향에 따라
모양이 다르게
보이니까~

방향을 정해야 해!

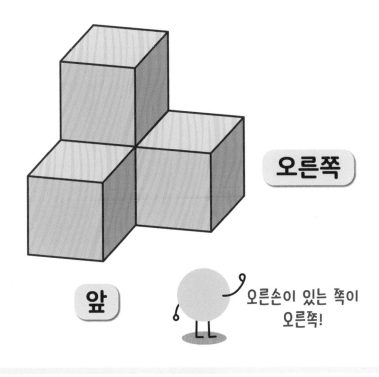

오른쪽

앞

오른손이 있는 쪽이
오른쪽!

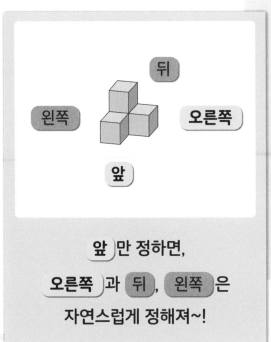

뒤

왼쪽   오른쪽

앞

앞 만 정하면,
오른쪽 과 뒤 , 왼쪽 은
자연스럽게 정해져~!

▶ 개념 익히기 2

방향을 보고, 괄호 안에서 알맞은 말을 골라 ○표 하세요.

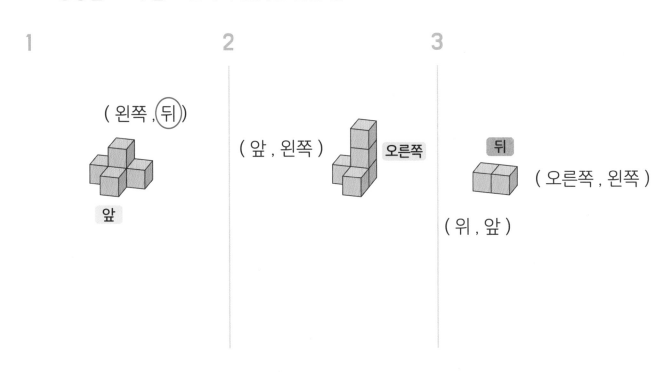

1

(왼쪽 , 뒤)

앞

2

(앞 , 왼쪽)   오른쪽

3

뒤

(오른쪽 , 왼쪽)

(위 , 앞)

▶ 개념 다지기 1

설명을 읽고 해당하는 쌓기나무에 V표 하세요.

1 파란색 쌓기나무의
오른쪽에 있는 쌓기나무

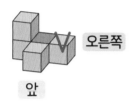

2 노란색 쌓기나무의
바로 왼쪽에 있는 쌓기나무

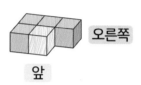

3 빨간색 쌓기나무의
왼쪽에 있는 쌓기나무

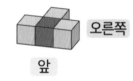

4 빨간색 쌓기나무의
바로 앞에 있는 쌓기나무

5 파란색 쌓기나무의
바로 오른쪽에 있는 쌓기나무

6 노란색 쌓기나무의
바로 뒤에 있는 쌓기나무

▶ 개념 다지기 2

그림을 보고 '앞, 뒤, 왼쪽, 오른쪽' 중에서 알맞은 방향을 빈칸에 쓰세요.

1

파란색 쌓기나무의 ⬚뒤⬚ 에
있는 쌓기나무는 빨간색입니다.

2

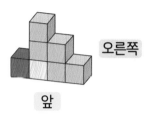

빨간색 쌓기나무의 바로 ⬚⬚ 에
있는 쌓기나무는 노란색입니다.

3

노란색 쌓기나무의 ⬚⬚ 에 있는
쌓기나무는 파란색입니다.

4

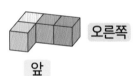

초록색 쌓기나무의 바로 ⬚⬚ 에
있는 쌓기나무는 노란색입니다.

5

빨간색 쌓기나무의 바로 ⬚⬚ 에
있는 쌓기나무는 노란색입니다.

6

빨간색 쌓기나무의 바로 ⬚⬚ 에
있는 쌓기나무는 파란색입니다.

문장을 읽고 알맞은 쌓기나무를 찾아 각각 색칠하세요.

쌓기나무

1
- 빨간색 쌓기나무의 바로 앞에 있는 쌓기나무는 파란색
- 파란색 쌓기나무의 왼쪽에 있는 쌓기나무는 초록색

오른쪽
앞

2
- 노란색 쌓기나무의 바로 뒤에 있는 쌓기나무는 파란색
- 파란색 쌓기나무의 오른쪽에 있는 쌓기나무는 빨간색

오른쪽
앞

3
- 초록색 쌓기나무의 오른쪽에 있는 쌓기나무는 노란색
- 가장 왼쪽에 있는 쌓기나무는 파란색

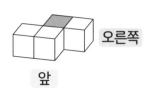
오른쪽
앞

4
- 빨간색 쌓기나무의 바로 뒤에 있는 쌓기나무는 노란색
- 노란색 쌓기나무의 바로 왼쪽에 있는 쌓기나무는 초록색

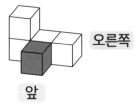
오른쪽
앞

5
- 파란색 쌓기나무의 바로 앞에 있는 쌓기나무는 빨간색
- 빨간색 쌓기나무의 바로 오른쪽에 있는 쌓기나무는 노란색

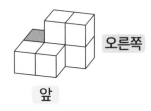
오른쪽
앞

6
- 노란색 쌓기나무의 바로 왼쪽에 있는 쌓기나무는 파란색
- 가장 오른쪽에 있는 쌓기나무는 빨간색

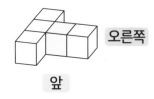
오른쪽
앞

▶ 개념 마무리 2

설명에 알맞은 모양을 보기 에서 찾아 기호를 쓰세요. (단, 주어진 모양의 방향은 모두 동일합니다.)

보기

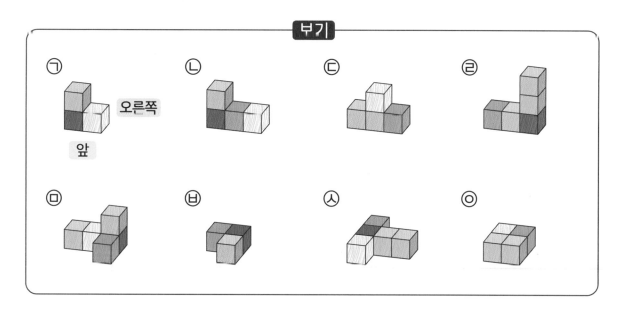

1 빨간색 쌓기나무의 바로 왼쪽에는 파란색 쌓기나무가 있습니다.

(ㅂ)

2 파란색 쌓기나무의 바로 오른쪽에 있는 쌓기나무는 노란색입니다.

(   )

3 빨간색 쌓기나무의 바로 앞에는 파란색 쌓기나무가 있습니다.

(   )

4 빨간색 쌓기나무의 바로 뒤에 있는 쌓기나무는 파란색입니다.

(   )

5 노란색 쌓기나무의 바로 왼쪽에는 빨간색 쌓기나무가 있습니다.

(   )

6 파란색 쌓기나무의 바로 왼쪽에 있는 쌓기나무는 노란색입니다.

(   )

2 위, 아래와 층수

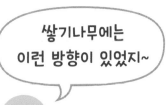
쌓기나무에는 이런 방향이 있었지~

위 ↑
아래 ↓
라는 방향도 있어~

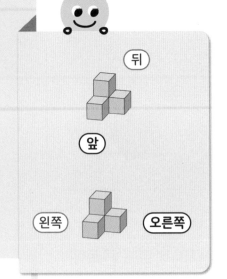
뒤
앞
왼쪽 오른쪽

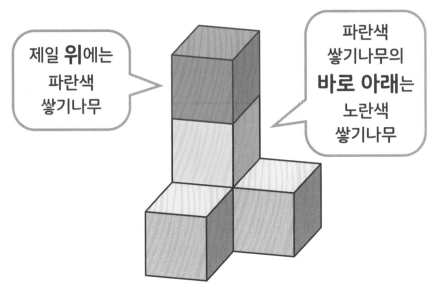
제일 **위**에는 파란색 쌓기나무

파란색 쌓기나무의 **바로 아래**는 노란색 쌓기나무

▶ 개념 익히기 1

설명에 알맞은 쌓기나무의 색을 빈칸에 쓰세요.

1

제일 위에 있는
쌓기나무는 | 빨간 |색

2

제일 아래에 있는
쌓기나무는 모두 | |색

3

제일 위에 있는
쌓기나무는 | |색

쌓기나무의
층수는~

아래에서부터 1층!

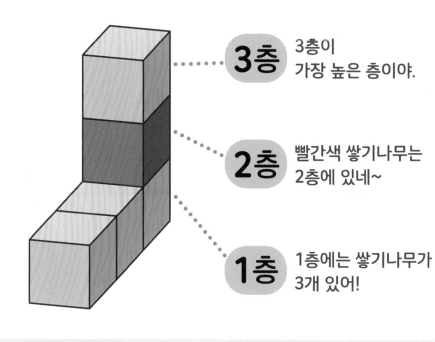

3층 3층이
가장 높은 층이야.

2층 빨간색 쌓기나무는
2층에 있네~

1층 1층에는 쌓기나무가
3개 있어!

쌓기나무의
전체 개수를 구하려면?

각 층에 있는
쌓기나무의 개수를
더하면 돼~

1층 2층 3층
3+1+1=5 (개)

▶ 개념 익히기 2

빨간색 쌓기나무가 몇 층에 있는지 쓰세요.

1

3 층

2

☐ 층

3

☐ 층

▶ 개념 다지기 1

설명을 읽고 해당하는 쌓기나무에 V표 하세요.

1 빨간색 쌓기나무의
바로 아래에 있는 쌓기나무

2 제일 아래에 있는 쌓기나무

3 빨간색 쌓기나무의
바로 위에 있는 쌓기나무

4 빨간색 쌓기나무의
바로 아래에 있는 쌓기나무

5 제일 위에 있는 쌓기나무

6 빨간색 쌓기나무의
바로 위에 있는 쌓기나무

▶ 개념 다지기 2

그림을 보고 빈칸을 알맞게 채우세요.

1

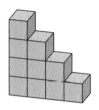

➡️ 쌓기나무가 ④ 층까지
있습니다.

2

➡️ 2층에는 쌓기나무가 ☐개
있습니다.

3

➡️ I층에는 쌓기나무가 ☐개
있습니다.

4

➡️ 3층에는 쌓기나무가 ☐개
있습니다.

5

➡️ 쌓기나무가 ☐층까지
있습니다.

6

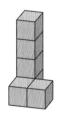

➡️ I층에 있는 쌓기나무는
2층보다 ☐개 더 많습니다.

▶ 개념 마무리 1

설명을 읽고 알맞게 색칠하세요.

쌓기나무

1 가장 위에 있는 쌓기나무는
노란색입니다.

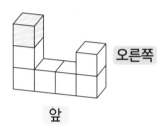

오른쪽

앞

2 1층에 있는 쌓기나무는
모두 파란색입니다.

오른쪽

앞

3 가장 오른쪽에 있는 쌓기나무는
빨간색입니다.

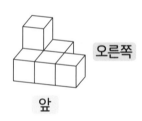

오른쪽

앞

4 2층에 있는 쌓기나무는
파란색입니다.

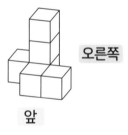

오른쪽

앞

5 가장 뒤에 있는 쌓기나무는 노란색
입니다.

오른쪽

앞

6 가장 높은 층에 있는 쌓기나무는
빨간색입니다.

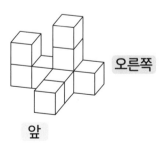

오른쪽

앞

▶ 개념 마무리 2

그림을 보고 빈칸을 알맞게 채우세요.

1

➡ **I**층에 있는 쌓기나무는
[4]개입니다.

2

➡ **2**층에 있는 쌓기나무는
□개입니다.

3

➡ 쌓기나무 전체 개수는
□개입니다.

4

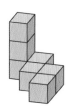

➡ **I**층에 있는 쌓기나무는
□개입니다.

5

➡ **3**층에 있는 쌓기나무는
□개입니다.

6

➡ 쌓기나무 전체 개수는
□개입니다.

③ 쌓은 모양 설명하기

쌓기나무 2개로 모양을 만들었어!

?

이런 모양인가?

쌓은 모양을 설명하는 여러 가지 표현

쌓기나무 **2개**가
옆으로 나란히

오른쪽

앞

쌓기나무 **2개**가
앞뒤로 나란히

오른쪽

앞

쌓기나무 **2개**가
2층으로

오른쪽

앞

▶ 개념 익히기 1

쌓은 모양을 설명한 것을 보고, 알맞은 모양을 찾아 ○표 하세요.

1 쌓기나무 **3개**가
옆으로 나란히

오른쪽

앞

오른쪽

앞

2 쌓기나무 **3개**가
3층으로

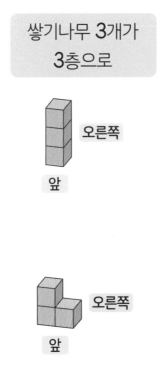

오른쪽

앞

오른쪽

앞

3 쌓기나무 **3개**가
앞뒤로 나란히

오른쪽

앞

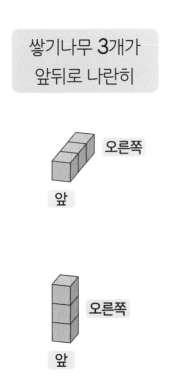

오른쪽

앞

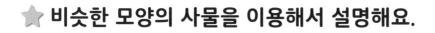

쌀은 모양을 설명하는 방법

⭐ **비슷한 모양의 사물을 이용해서 설명해요.**

예 성벽 모양

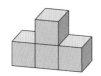

예 자동차 모양

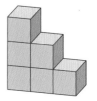

예 계단 모양

⭐ **각 층별로 설명해요.**

오른쪽

앞

1층에는 쌓기나무 3개가 옆으로 나란히 있고,
2층에는 가장 왼쪽과 가장 오른쪽에 1개씩 있고,
3층에는 가장 왼쪽에만 1개 있습니다.

⭐ **사용한 쌓기나무의 전체 개수를 알려줘요.**

▶ 개념 익히기 2

다음 중 옳은 설명에 ○표 하세요.

1

ㄱ 모양입니다. (○)

ㄹ 모양입니다. (   )

2

ㄴ 모양입니다. (   )

ㅁ 모양입니다. (   )

3

1 모양입니다. (   )

ㄷ 모양입니다. (   )

쌓은 모양에 대한 설명으로 옳은 것에 ○표, 틀린 것에 ✕표 하세요.

1

오른쪽
앞

- 1층에는 쌓기나무 3개가 옆으로 나란히 있습니다. (○)
- 2층에는 쌓기나무가 2개 있습니다. (✕)

2

오른쪽
앞

- 1층에는 쌓기나무 4개가 앞뒤로 나란히 있습니다. ( )
- 가장 왼쪽에는 쌓기나무가 1개입니다. ( )

3

오른쪽
앞

- 쌓기나무가 3층까지 있습니다. ( )
- 쌓기나무의 전체 개수는 7개입니다. ( )

4

오른쪽
앞

- 1층에는 쌓기나무 5개가 T 모양으로 놓여 있습니다. ( )
- 가장 오른쪽은 쌓기나무가 2층까지 있습니다. ( )

5

오른쪽
앞

- 쌓기나무가 4층까지 있습니다. ( )
- 3층에는 쌓기나무가 없습니다. ( )

▶ 개념 다지기 2

사물을 보고 비슷하게 쌓은 모양을 찾아 선으로 이으세요.

1

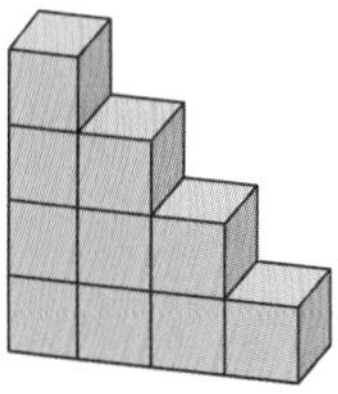

2

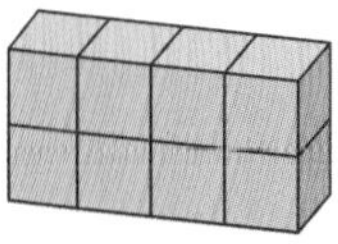

3

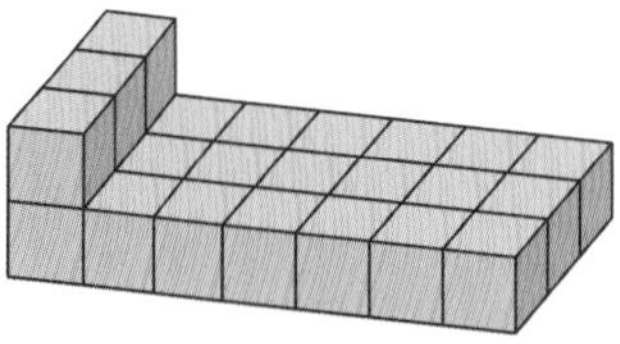

4

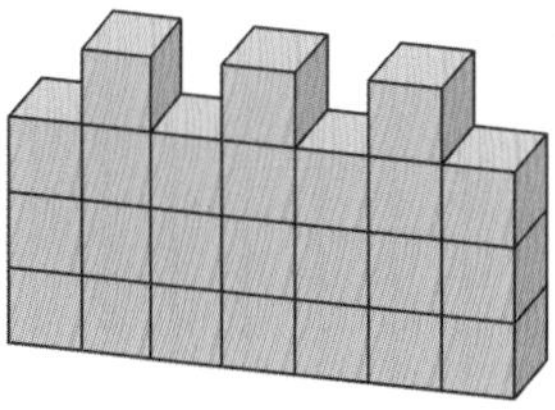

5

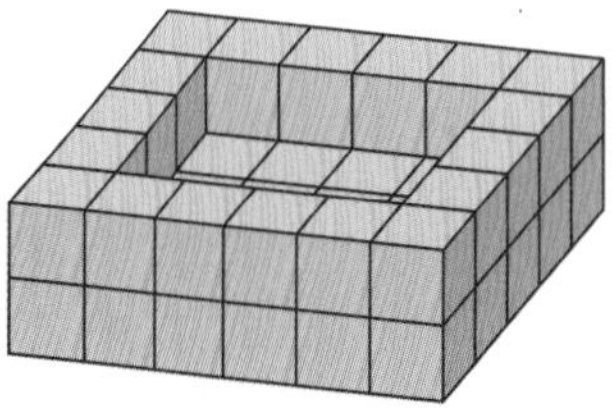

▶ 개념 마무리 1

쌓기나무로 만든 모양을 보고 빈칸을 알맞게 채우세요.

1

오른쪽 / 앞

1층에 쌓기나무 [5] 개가 ㄷ 모양으로 있고, 2층에는 맨 뒤에 쌓기나무 [2] 개가 옆으로 나란히 있습니다.

2

오른쪽 / 앞

1층에 쌓기나무 [ ] 개가 ㄱ 모양으로 있고, 2층과 3층에는 쌓기나무가 각각 [ ] 개씩 있습니다.

3

오른쪽 / 앞

가장 왼쪽에는 쌓기나무 [ ] 개가 앞뒤로 나란히 있고, 그중 가운데 쌓기나무의 오른쪽에는 쌓기나무 [ ] 개가 옆으로 나란히 있습니다.

4

오른쪽 / 앞

1층에 쌓기나무 4개가 [ ] 나란히 있고, 맨 앞과 맨 뒤에는 쌓기나무가 [ ] 층입니다.

5

오른쪽 / 앞

1층에 쌓기나무 [ ] 개가 ㄴ 모양으로 있고, 맨 뒤에는 쌓기나무가 [ ] 층입니다.

▶ 개념 마무리 2

두 가지 설명에 모두 해당되는 모양을 골라 ○표 하세요.

1

- 1층에는 쌓기나무 3개가 옆으로 나란히 있습니다.
- 2층에는 쌓기나무가 가장 왼쪽에 1개 있습니다.

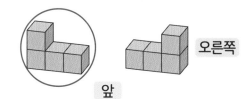

2

- 쌓기나무의 전체 개수는 6개입니다.
- 오른쪽으로 내려가는 계단 모양입니다.

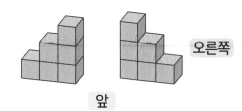

3

- 1층에는 쌓기나무 3개가 앞뒤로 나란히 있습니다.
- 가운데 쌓기나무만 1층이고, 맨 앞과 맨 뒤는 2층입니다.

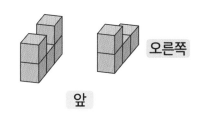

4

- 2층에는 쌓기나무가 3개입니다.
- 가장 앞에 놓인 쌓기나무는 1개 입니다.

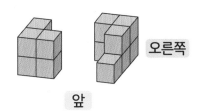

5

- 가장 앞에는 쌓기나무 3개가 옆으로 나란히 있습니다.
- 그중에서 가장 오른쪽 쌓기나무의 바로 뒤에는 쌓기나무가 2층입니다.

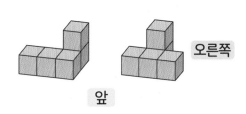

---

4 같은 모양 만들기

1개를 빼서 같은 모양 만들기

문제 왼쪽 모양을 오른쪽 모양과 똑같이 만들려고 합니다.
빼야 하는 쌓기나무에 ○표 하세요.

어디가 같은지,
어디가 다른지
찾아봐~

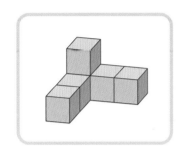 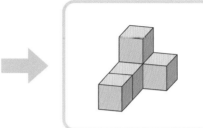

풀이

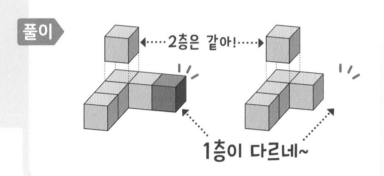

←···· 2층은 같아! ····→

1층이 다르네~

답

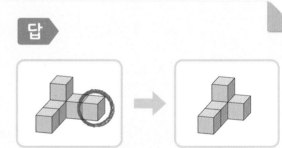

▶ 개념 익히기 1

두 모양을 비교하여 알맞은 말에 ○표 하세요. (단, 뒤에 숨어있는 쌓기나무는 없습니다.)

1

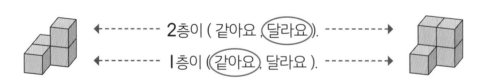

←------- 2층이 (같아요 (달라요)). -------→

←------- 1층이 ((같아요), 달라요). -------→

2

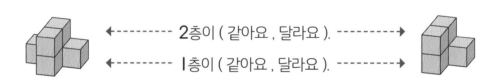

←------- 2층이 (같아요 , 달라요). -------→

←------- 1층이 (같아요 , 달라요). -------→

3

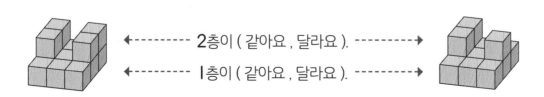

←------- 2층이 (같아요 , 달라요). -------→

←------- 1층이 (같아요 , 달라요). -------→

▶정답 및 해설 6쪽

3305

1개를 옮겨서 같은 모양 만들기

문제 왼쪽 모양을 오른쪽 모양과 똑같이 만들려고 합니다.
옮겨야 할 쌓기나무에 ○표 하세요.

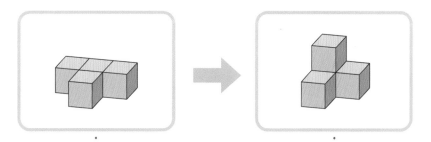

풀이 **1층으로 되어 있어.**   **2층으로 쌓여 있지.**

➡ 1층에 있는 하나가
2층으로 올라가야 해!

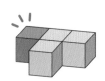 1층끼리 비교해보면~   **답** ▶

 ➡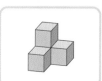

▶ 개념 익히기 2

쌓기나무 1개를 옮겼을 때, 어떤 점이 달라졌는지 빈칸을 알맞게 채우세요.

1

2층으로
쌓여 있습니다.   ➡   ☐층으로
되어 있습니다.

2

1층에 쌓기나무가
☐개입니다.   ➡   1층에 쌓기나무가
☐개입니다.

3

2층에 쌓기나무가
☐개입니다.   ➡   2층에 쌓기나무가
☐개입니다.

▶ 개념 다지기 1

왼쪽 모양에서 쌓기나무 1개를 **빼서** 오른쪽 모양을 만들려고 합니다.
왼쪽 모양에서 빼야 하는 쌓기나무를 찾아 ○표 하세요.

1

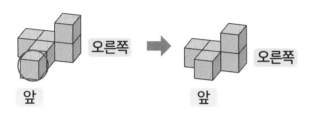

2

3

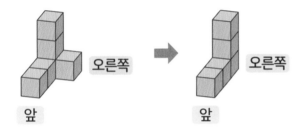

4

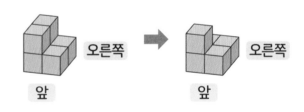

5

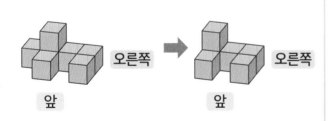

6

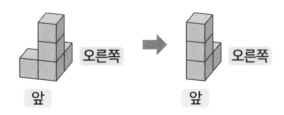

▶ 개념 다지기 2

왼쪽 모양에서 쌓기나무 1개를 **옮겨서** 오른쪽 모양을 만들었습니다.
옮긴 쌓기나무를 찾아 <u>양쪽 모두</u> 색칠하세요.

1

2
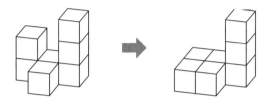

3
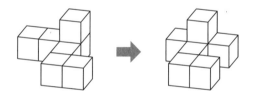

4
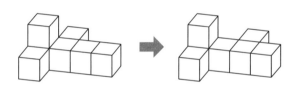

5
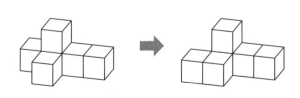

6
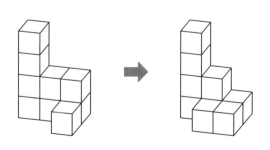

▶ 개념 마무리 1

조건에 따라 만든 모양을 찾아 ○표 하세요.

1

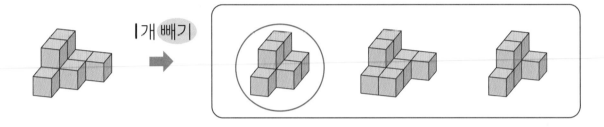

2

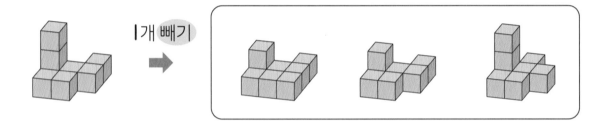

3

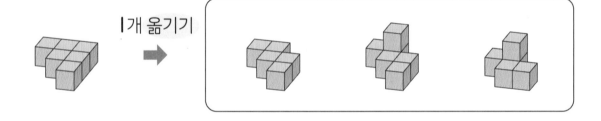

4

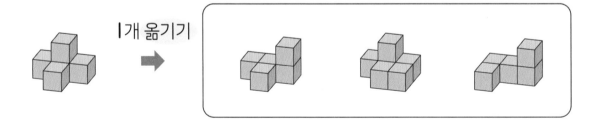

5

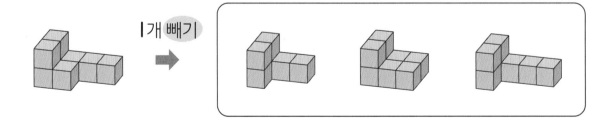

▶ 개념 마무리 2

보기 를 보고 물음에 답하세요.

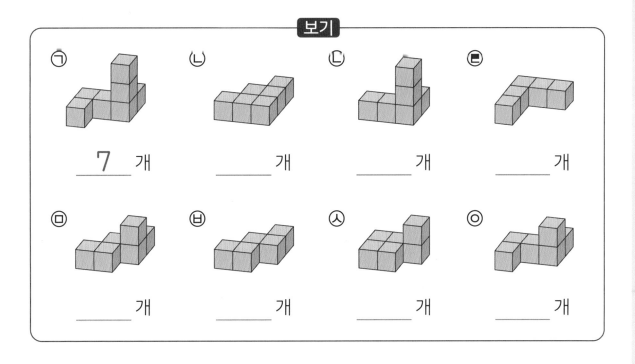

---

1 보기의 각 모양에 쌓기나무의 전체 개수를 쓰세요.

---

2 ㉠에서 쌓기나무 **1개를 빼서** 만들 수 있는 모양을 모두 찾아 기호를 쓰세요.

---

3 ㉤에서 쌓기나무 **1개를 옮겨서** 만들 수 있는 모양을 모두 찾아 기호를 쓰세요.

✔ **단원 마무리**

1

쌓기나무로 만든 모양을 보고 알맞은 방향을 보기 에서 찾아 빈칸에 쓰시오.

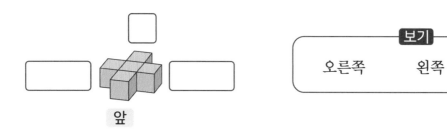

2

쌓기나무의 전체 개수가 많은 것부터 순서대로 1, 2, 3을 쓰시오.

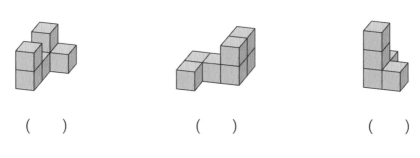

( )   ( )   ( )

3

주어진 모양을 보고 설명하는 쌓기나무의 위치가 다른 하나에 V표 하시오.

☐ 파란색 쌓기나무의 바로 아래

☐ 빨간색 쌓기나무의 바로 오른쪽

☐ 노란색 쌓기나무의 바로 뒤

4

설명에 알맞은 모양을 찾아 선으로 연결하시오.

계단 모양으로 3층까지 있습니다. •

2층에 있는 쌓기나무는 1개입니다. •

맞은 개수 8개	매우 잘했어요.
맞은 개수 6~7개	실수한 문제를 확인하세요.
맞은 개수 5개	틀린 문제를 2번씩 풀어 보세요.
맞은 개수 1~4개	앞부분의 내용을 다시 한번 확인하세요.

스스로 평가

▶정답 및 해설 11쪽

5

쌓기나무로 쌓은 모양을 보고 설명이 틀린 부분을 모두 찾아 바르게 고치시오.

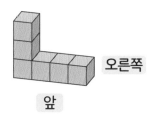

앞

오른쪽

> 1층에는 쌓기나무 3개가 옆으로 나란히 있고, 가장 왼쪽에는 쌓기나무가 2층입니다.

6

왼쪽과 오른쪽 모양을 비교하여 괄호 안의 알맞은 말에 ○표 하시오.

쌓기나무 1개를

-------- (빼서 , 옮겨서) --------▶

만들었어요.

7

왼쪽 모양에서 쌓기나무 1개를 빼서 만들 수 없는 것에 ✕표 하시오.

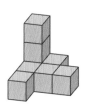

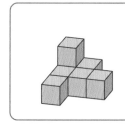 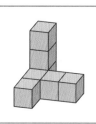 

8

아래 모양에서 뺀 쌓기나무에 ○표, 옮긴 쌓기나무에는 양쪽 모두 △표 하시오.

1개 빼기 ▶

1개 옮기기 ▶

서술형으로 확인 ✏️

▶ 정답 및 해설 37쪽

1 노란색 쌓기나무의 위치를 두 가지 방법으로 설명하세요.
(힌트: 11, 16쪽)

오른쪽

앞

. . . .

. . . .

. . . .

2 쌓기나무로 쌓은 모양을 보고 층별로 설명하세요. (힌트: 22~23쪽)

오른쪽

앞

. . . .

. . . .

. . . .

3 쌓기나무 1개를 옮겨서 3층짜리 모양을 만드는 방법을 설명하세요.
(힌트: 29쪽)

앞

. . . .

. . . .

. . . .

잠깐! 서술형으로 쓰기 어려워? 그럼 앞에서 배운 걸 떠올려 봐! 앞에서 찾아보고 적어도 좋아!

쌓기나무는 정육면체

사각형

모양과 크기에 상관없이 꼭짓점이 4개이고,
변도 4개인 도형을 사각형이라고 하지.

그렇다면, 쌓기나무처럼 생긴 도형은 뭐라고 부를까?

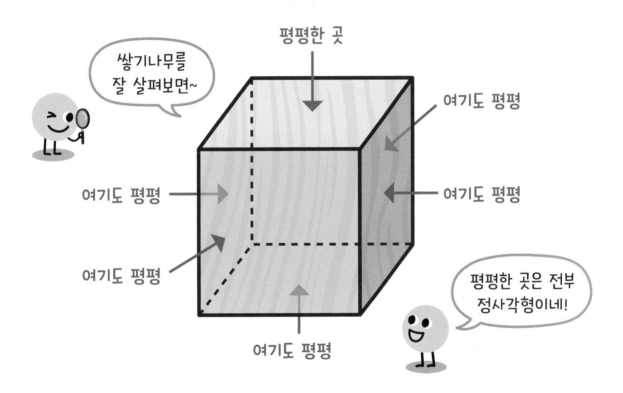

쌓기나무를
잘 살펴보면~

평평한 곳

여기도 평평

여기도 평평   여기도 평평

여기도 평평

여기도 평평

평평한 곳은 전부
정사각형이네!

➡ **정**사각형 **6**개의 **평평한** 것으로 이루어진 **입체**도형을

정 육 면 체 라고 해~

2 쌓기나무의 개수

우리 셋만 보이지만,
사실 내 아래에도
쌓기나무가 있어!

맞아
맞아~

그치~

공중에 둥~둥~ 떠있을 수는 없으니까,
2층에 쌓기나무가 있다는 것은?
반드시 1층에도 쌓기나무가 있다는 것!

이번 단원에서는 보이지 않는 쌓기나무의
개수까지 정확하게 셀 수 있는 방법을 알려줄게~

1 똑같은 모양으로 쌓는 방법

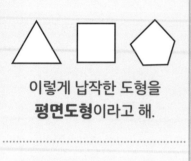

이렇게 납작한 도형을
평면도형이라고 해.

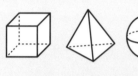

이렇게 뚱뚱한 도형을
입체도형이라고 해.

우리 눈에
보이는 부분

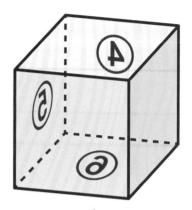

우리 눈에
보이지 않는 부분

**쌓기나무는 입체도형이라
보이지 않는 부분까지
잘 생각해야 해~**

▶ 개념 익히기 1

주어진 쌓기나무에 대한 설명을 읽고 옳은 것에 ○표, 틀린 것에 ✕표 하세요.

1
쌓기나무는 입체도형입니다. (○)

2
방향에 따라 보이지 않는 부분도 있습니다. ( )

3
지금 방향에서 보이는 부분은 2군데입니다. ( )

과 똑같은 모양으로 쌓으려면?

1 방향 정하기

방향에 따라 모양이
달라 보이므로
내가 보고 있는 쪽을
앞 으로 정해요.

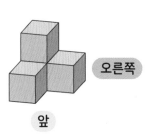

2 층별로 쌓기

전체적인 모양을
생각하면서 층별로
같은 모양, 같은 개수가
되도록 쌓아요.

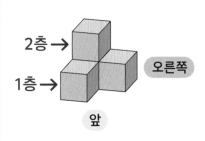

3 확인하기

**가려진 부분까지
잘 생각하며**
전체의 개수가 같은지
확인해 보세요.

가려져서 안 보이지만
이 아래에도 쌓기나무가 있어!

▶ 개념 익히기 2

주어진 모양을 보고 물음에 답하세요.

1
빈칸에 알맞은 방향을 쓰세요.

2
각 층에 있는 쌓기나무의 개수를 쓰세요.

|층 →   2층 →

3
전체 쌓기나무의 개수를 쓰세요.

② 위에서 본 모양

위에서 보면 알 수 있지~

너무 높아서 뒤에 숨은 게 있는지 알 수 없잖아...

〈위에서 본 모양〉

위에서 보면, **1층의 모양**을 알 수 있어!

위에서 본 모양 = 1층의 모양

숨은 게 있는지 없는지 알 수 있지!

▶ 개념 익히기 1

쌓은 모양을 위에서 볼 때, 알맞은 모양을 찾아 선으로 이으세요.

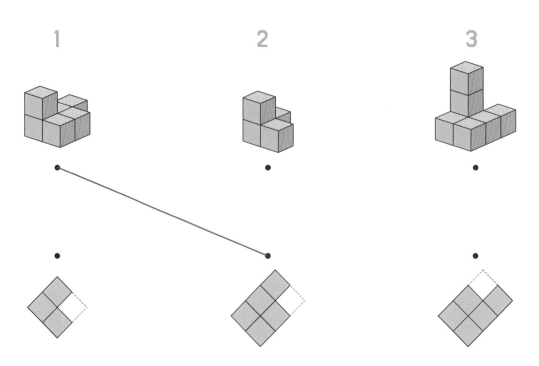

1   2   3

▶ 정답 및 해설 12쪽

3309

똑같이 쌓으려면 쌓기나무가 몇 개 필요할까?

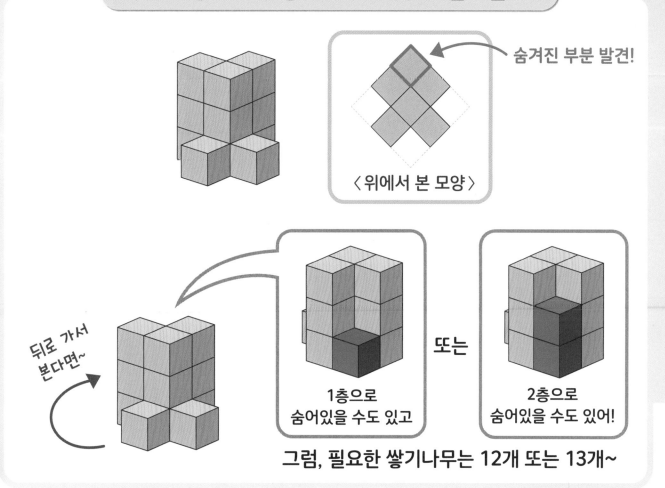

숨겨진 부분 발견!

〈 위에서 본 모양 〉

뒤로 가서
본다면~

1층으로
숨어있을 수도 있고

또는

2층으로
숨어있을 수도 있어!

그럼, 필요한 쌓기나무는 12개 또는 13개~

🅾️ 개념 익히기 2

쌓기나무로 쌓은 모양을 위에서 본 모양입니다. 1층에 있는 쌓기나무 개수를 쓰세요.

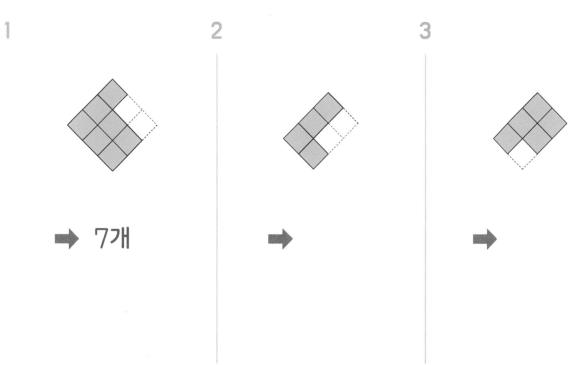

1

➡ 7개

2

➡

3

➡

▶ 개념 다지기 1

쌓기나무로 쌓은 모양을 보고 위에서 본 모양을 그리세요.

1

위에서 본 모양

2
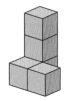 

위에서 본 모양

3

위에서 본 모양

4
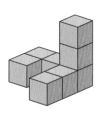 

위에서 본 모양

5
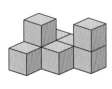 

위에서 본 모양

6
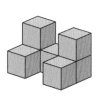 

위에서 본 모양

▶정답 및 해설 13~14쪽

▶ 개념 다지기 2

위에서 본 모양을 보고 쌓기나무가 숨어있는 부분에 ○표 하세요.

1

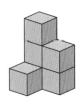 

위에서 본 모양

2

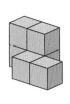 

위에서 본 모양

3

위에서 본 모양

4

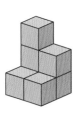 

위에서 본 모양

5

위에서 본 모양

6

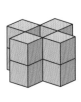 

위에서 본 모양

▶ 개념 마무리 1

쌓기나무로 만든 모양을 위에서 볼 때, 빗금 친 부분 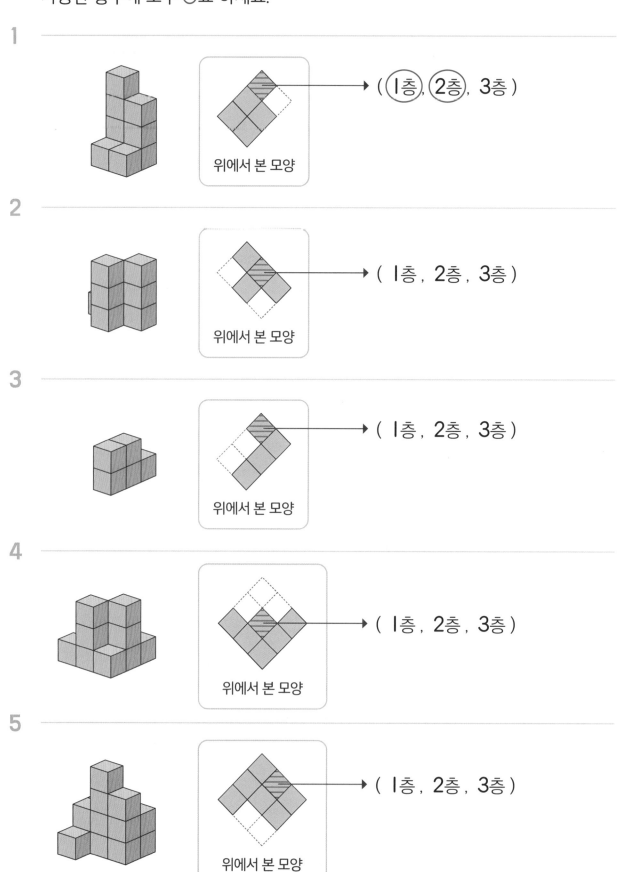은 몇 층으로 쌓은 것인지 가능한 층수에 모두 ○표 하세요.

1

위에서 본 모양 ➔ (①층 , ②층 , 3층)

2

위에서 본 모양 ➔ (1층 , 2층 , 3층)

3

위에서 본 모양 ➔ (1층 , 2층 , 3층)

4

위에서 본 모양 ➔ (1층 , 2층 , 3층)

5

위에서 본 모양 ➔ (1층 , 2층 , 3층)

3310

▶ 개념 마무리 2

쌓기나무로 만든 모양을 위에서 본 모양입니다. 똑같은 모양으로 쌓으려면 쌓기나무는 몇 개 필요할까요? (가능한 경우를 모두 쓰세요.)

1

위에서 본 모양

➡ 7개 또는 8개

2

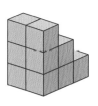 

위에서 본 모양

➡

3

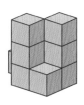 

위에서 본 모양

➡

4

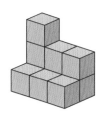 

위에서 본 모양

➡

5

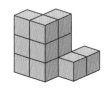 

위에서 본 모양

➡

6

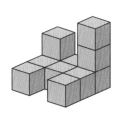 

위에서 본 모양

➡

③ 여러 방향에서 본 모양

위와 아래, 앞과 뒤, 왼쪽과 오른쪽에서 본 모양은
각각 뒤집으면 서로 똑같아!

그러니까,
위, 앞, 옆에서 본 모양만 이용해~

▶ 개념 익히기 1

쌓은 모양을 보는 방향에 대한 설명이 옳은 것에 ○표, 틀린 것에 ✕표 하세요.

1
위에서 본 모양과 아래에서 본 모양은 뒤집으면 항상 같다. (○)

2
쌓은 전체 개수를 알기 위해서는 반드시 위, 아래, 앞, 뒤, 왼쪽, 오른쪽 모든 방향
에서 봐야 한다. (   )

3
앞에서 본 모양과 위에서 본 모양은 뒤집으면 항상 같다. (   )

▶ 정답 및 해설 17쪽

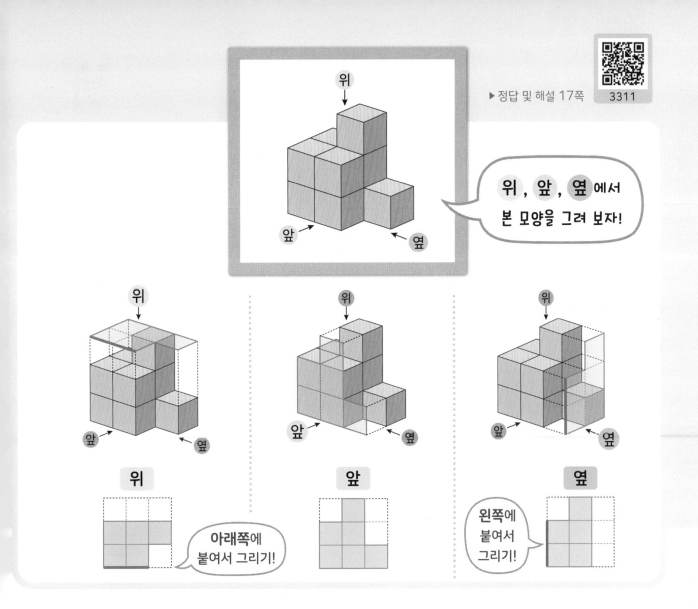

위, 앞, 옆에서 본 모양을 그려 보자!

위

아래쪽에 붙여서 그리기!

앞

옆

왼쪽에 붙여서 그리기!

▶ 개념 익히기 2

쌓은 모양을 위, 앞, 옆에서 보았을 때, 알맞은 모양을 찾아 선으로 이으세요.

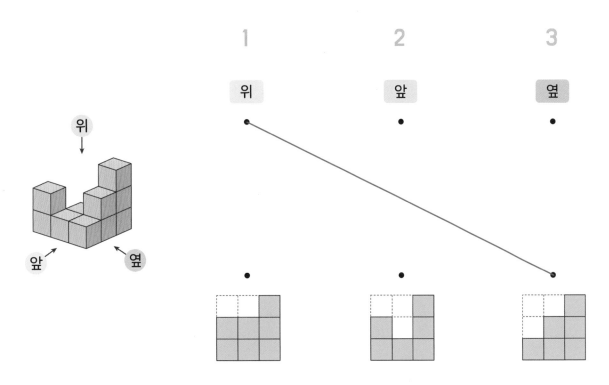

1   2   3

위   앞   옆

앞 에서 본 모양을 그려 보세요.

쌓기나무

1

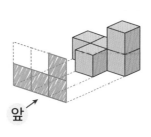

앞

2

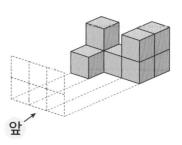

앞

3

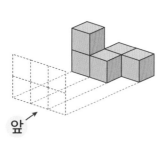

앞

4

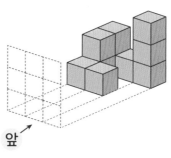

앞

5

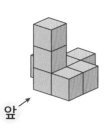

앞

6

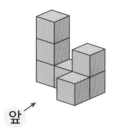

앞

▶ 개념 다지기 2

옆에서 본 모양을 그려 보세요.

1

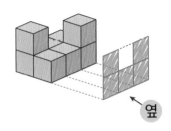

2

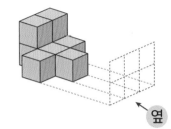

3

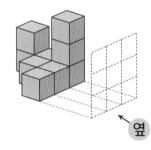

4

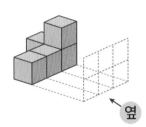

5

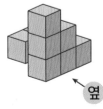

6

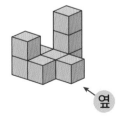

▶ 개념 마무리 1

쌓기나무로 만든 모양을 주어진 방향에서 봤을 때, 알맞은 그림에 ○표 하세요.

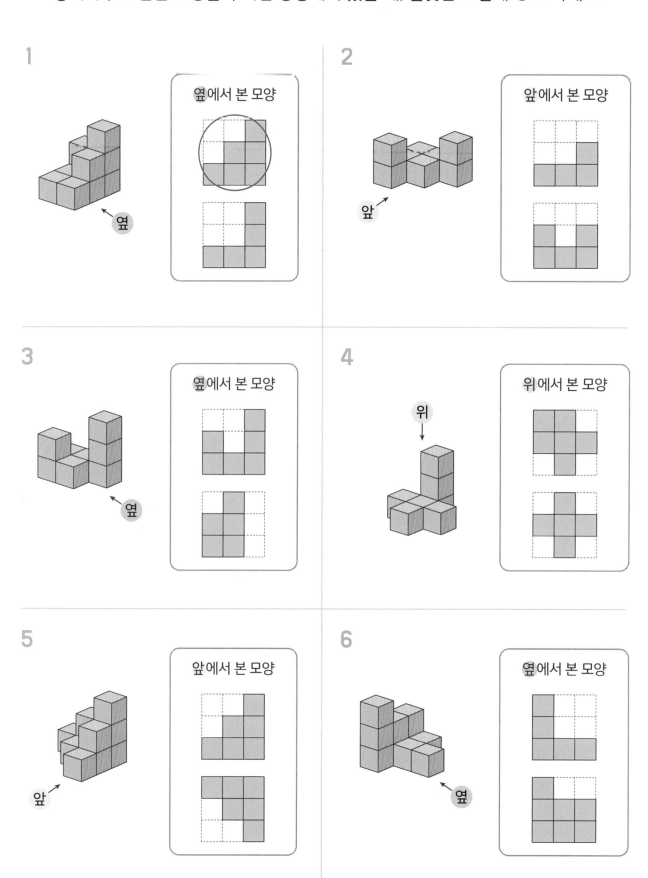

▶ 개념 마무리 2

쌓기나무로 만든 모양을 보고 위, 앞, 옆에서 본 모양을 그려 보세요. (단, 뒤에 숨어 있는 쌓기나무는 없습니다.)

1

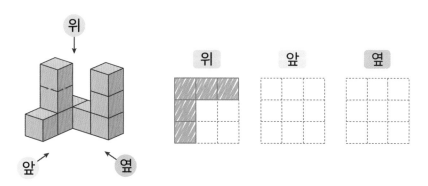

2

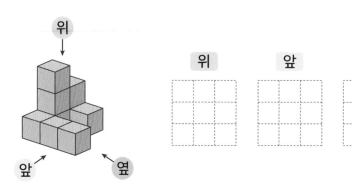

3

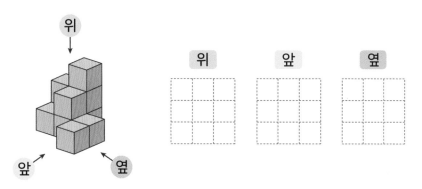

4

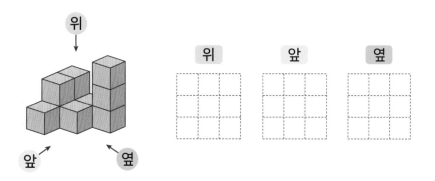

문제 어떤 쌓기나무의 **위**, **앞**, **옆** 에서 본 모양을 보고 똑같이 쌓을 때, 필요한 쌓기나무는 몇 개일까?

위   앞   옆

② 앞 에서 본 모양으로 층수 찾기

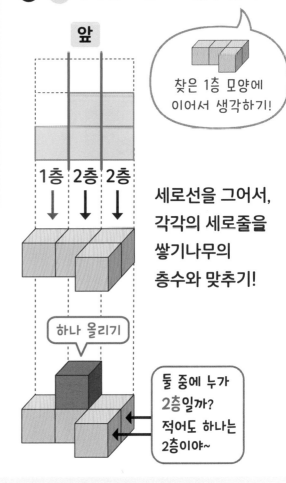

찾은 1층 모양에 이어서 생각하기!

세로선을 그어서, 각각의 세로줄을 쌓기나무의 층수와 맞추기!

하나 올리기

둘 중에 누가 2층일까? 적어도 하나는 2층이야~

풀이 ① 위 에서 본 모양으로 1층 모양 찾기

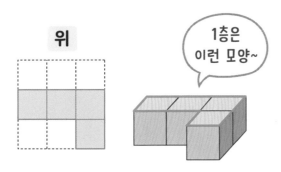

1층은 이런 모양~

▶ 개념 익히기 1

앞 에서 본 모양을 보고, 쌓기나무 위에 **붙임딱지** 를 붙여서 쌓은 모양을 완성하세요.

1

앞

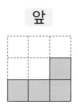

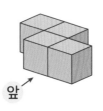

앞

2

앞

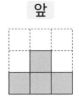

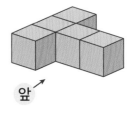

앞

3

앞

지금까지 찾은 모양에
이어서 생각하기!

▶ 정답 및 해설 18쪽

3313

❸ 옆 에서 본 모양으로 쌓은 모양 찾기

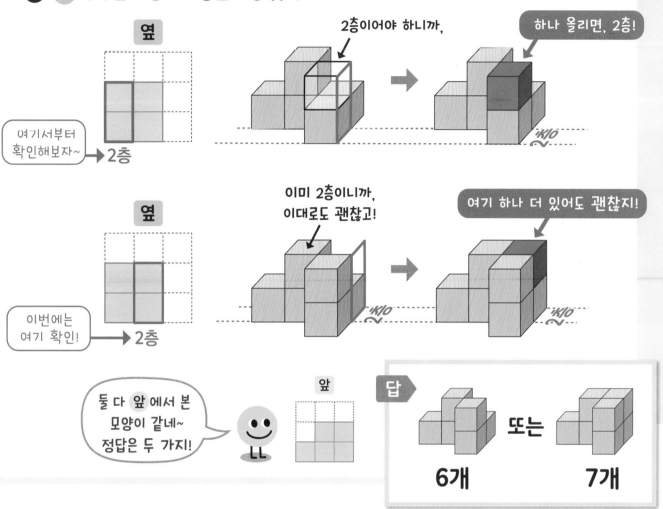

2층이어야 하니까,

하나 올리면, 2층!

옆

여기서부터
확인해보자~ → 2층

이미 2층이니까,
이대로도 괜찮고!

여기 하나 더 있어도 괜찮지!

옆

이번에는
여기 확인! → 2층

둘 다 앞 에서 본
모양이 같네~
정답은 두 가지!

앞

답 또는

6개   7개

▶ 개념 익히기 2

옆 에서 본 모양을 보고, 쌓기나무 위에 붙임딱지 를 붙여서 쌓은 모양을 완성하세요.

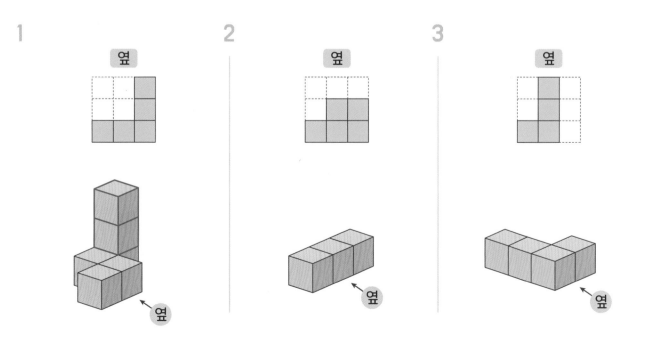

1

옆

2

옆

옆

3

옆

옆

옆

▶ 개념 다지기 1

앞 에서 본 모양을 보고 쌓은 모양을 완성할 때, **붙임딱지** 를 이용하여 가능한 모든 경우를 만들어 보세요. (단, I층에는 붙일 수 없습니다.)

1

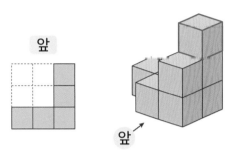 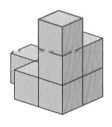 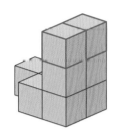

2

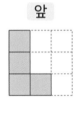 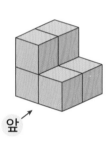 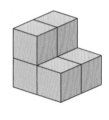 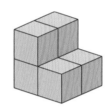

3

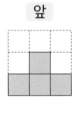 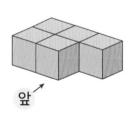 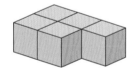 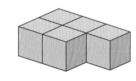

4

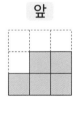 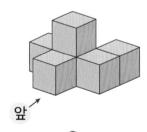 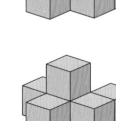

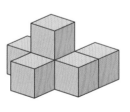 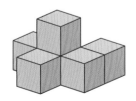

▶ 개념 다지기 2

옆 에서 본 모양을 보고 쌓은 모양을 완성할 때, 붙임딱지 를 이용하여 가능한 모든 경우를 만들어 보세요. (단, I층에는 붙일 수 없습니다.)

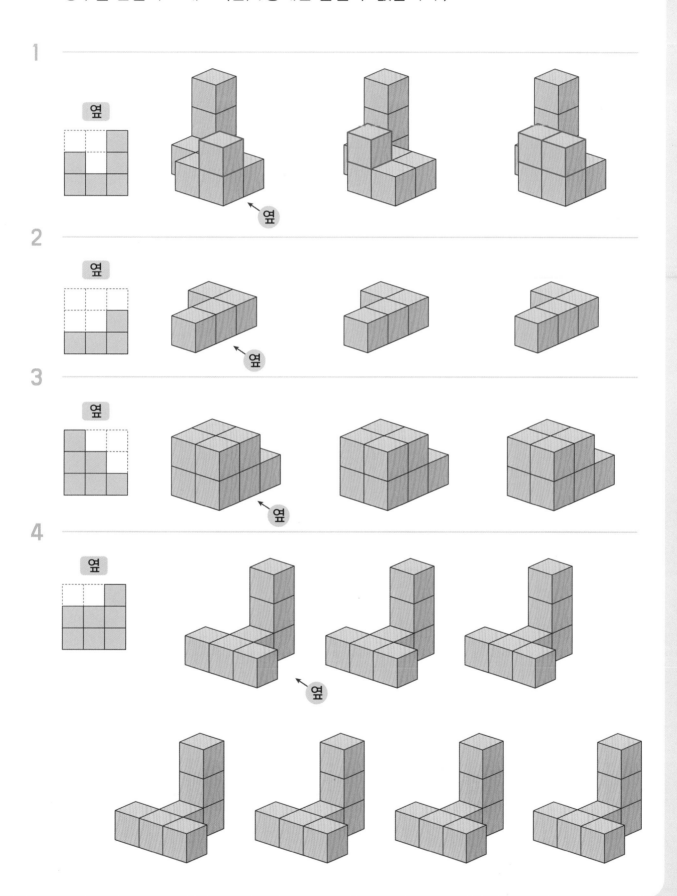

▶ 개념 마무리 1

위, 앞, 옆에서 본 모양을 보고 쌓기나무를 쌓을 때, **붙임딱지** 를 이용하여 모양을 완성해 보세요.

1
위 앞 옆

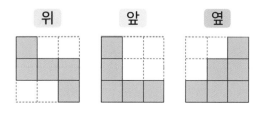

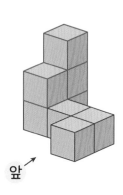

앞

2
위 앞 옆

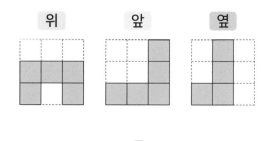

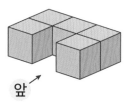

앞

3
위 앞 옆

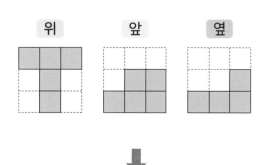

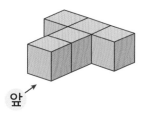

앞

4
위 앞 옆

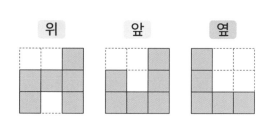

앞

개념 마무리 2

위, 앞, 옆에서 본 모양을 보고 쌓은 모양을 보기 에서 찾아 기호를 쓰세요.
(단, 보기 의 모양은 모두 쌓기나무 9개로 만들었고, 방향은 동일합니다.)

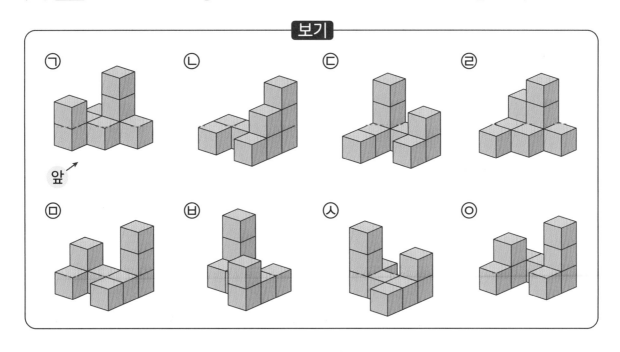

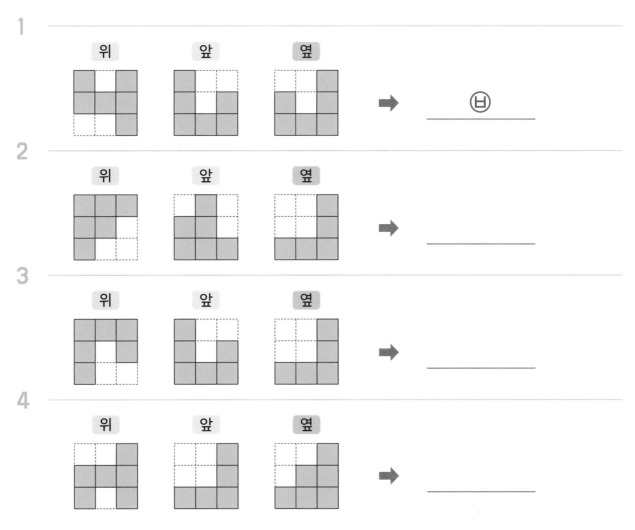

1
위 앞 옆 ➡ ㉎

2
위 앞 옆 ➡ ＿＿＿＿

3
위 앞 옆 ➡ ＿＿＿＿

4
위 앞 옆 ➡ ＿＿＿＿

5 위에서 본 모양에 개수 적기

★ 위에서 본 모양에 개수를 적으면 쌓은 모양을 정확히 알 수 있어!

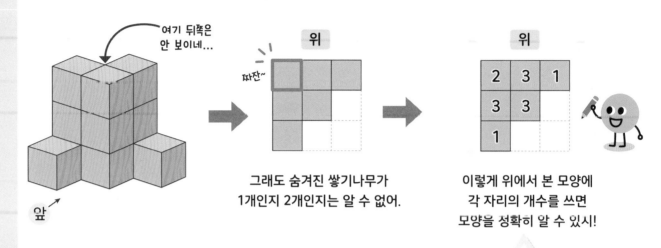

여기 뒤쪽은 안 보이네...

짜잔~

그래도 숨겨진 쌓기나무가 1개인지 2개인지는 알 수 없어.

이렇게 위에서 본 모양에 각 자리의 개수를 쓰면 모양을 정확히 알 수 있지!

예

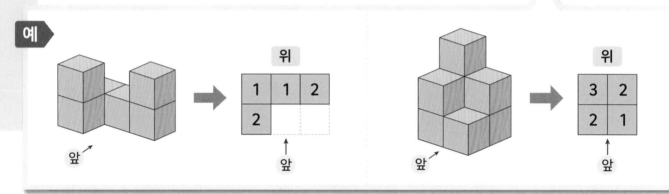

▶ 개념 익히기 1

위 에서 본 모양의 각 자리에 쌓기나무의 개수를 쓰세요.

1   2   3

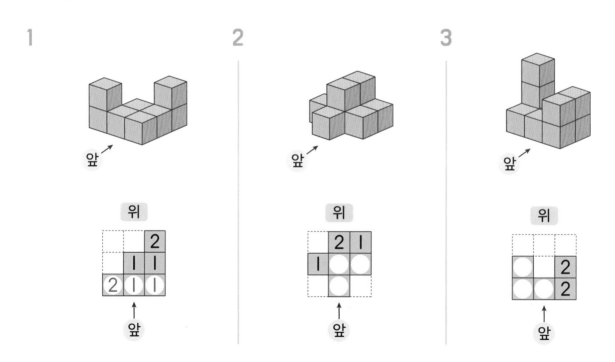

▶ 정답 및 해설 20쪽

3318

위에서 본 모양에 수를 쓴 것을 보고 알 수 있는 것

❶ 앞, 옆에서 본 모양을 그릴 수 있어.

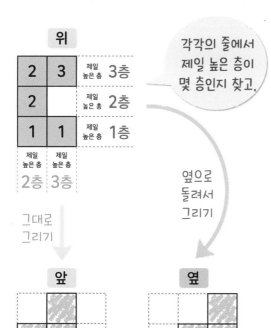

❷ 쌓기나무의 전체 개수를 알 수 있지.

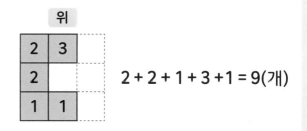

$$2 + 2 + 1 + 3 + 1 = 9(개)$$

❸ 쌓은 모양도 정확히 알 수 있어.

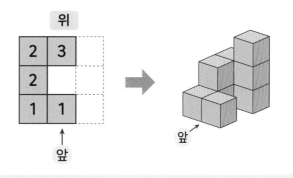

▶ 개념 익히기 2

위 에서 본 모양을 그리고, 각 자리에 쌓기나무의 개수를 쓰세요.

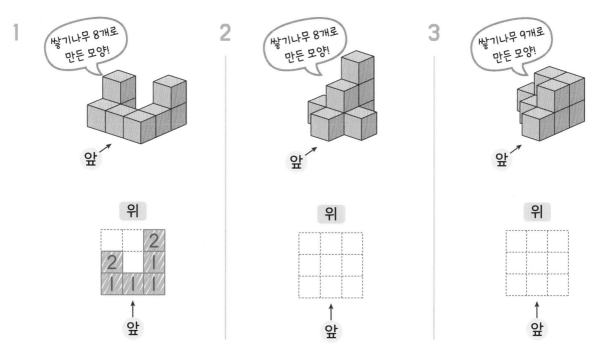

▶ 개념 다지기 1

위 에서 본 모양의 각 줄에서 가장 높은 층에 ○표 하고, 앞 에서 본 모양을 그려 보세요.

쌓기나무

1

위

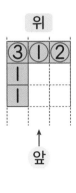

↑
앞

⬇

앞

2

위

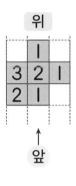

↑
앞

⬇

앞

3

위

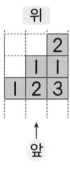

↑
앞

⬇

앞

4

위

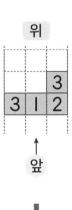

↑
앞

⬇

앞

5

위

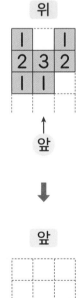

↑
앞

⬇

앞

6

위

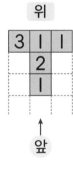

↑
앞

⬇

앞

▶ 개념 다지기 2

위 에서 본 모양의 각 줄에서 가장 높은 층에 ○표 하고, 옆 에서 본 모양을 그려 보세요.

1

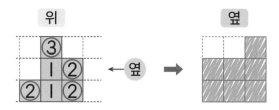

2

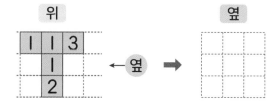

3

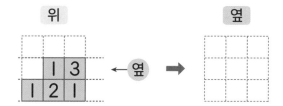

4

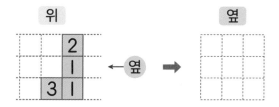

5

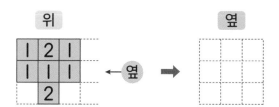

6

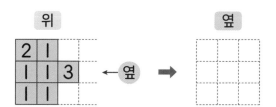

▶ 개념 마무리 1

위 에서 본 모양에 개수를 적은 것을 보고, 쌓기나무로 만든 모양과 앞 또는 옆 에서 본 모양을 알맞게 이으세요.

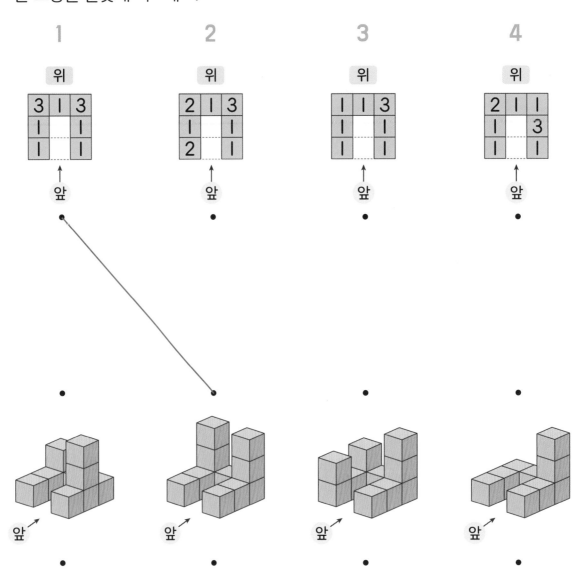

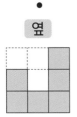
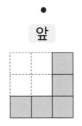
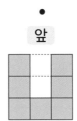
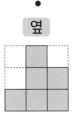

▶ 정답 및 해설 21~23쪽

3320

▶ 개념 마무리 2

위, 앞, 옆에서 본 모양을 보고, 위에서 본 모양의 각 자리에 쌓기나무가 몇 개 쌓여 있는지 수를 쓰세요.

1

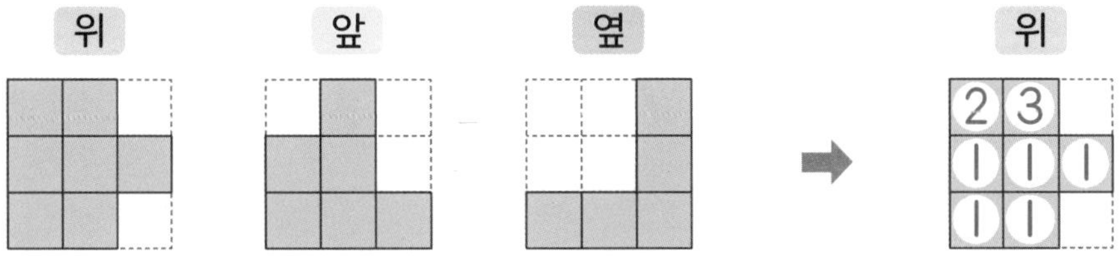

위   앞   옆   ➡   위

2	3	
1	1	1
1	1	

2

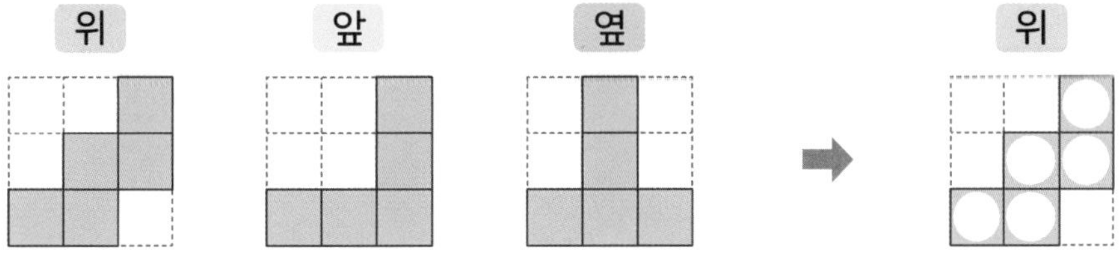

위   앞   옆   ➡   위

3

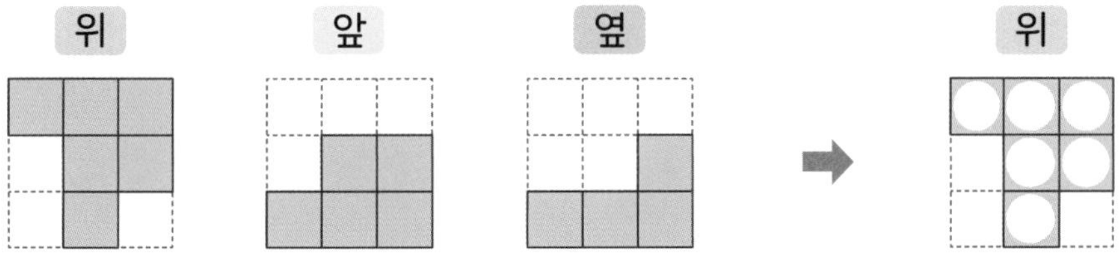

위   앞   옆   ➡   위

4

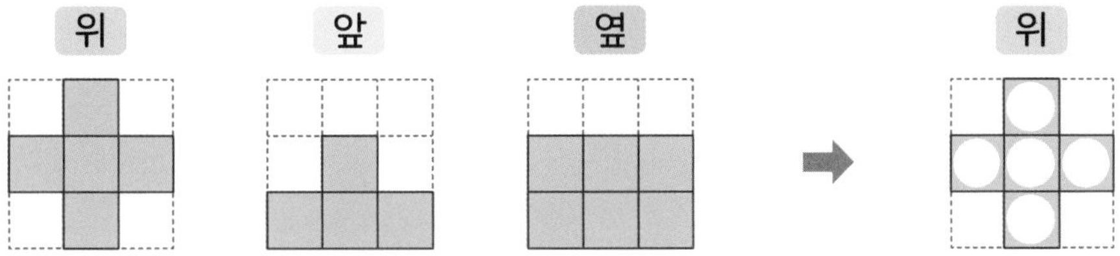

위   앞   옆   ➡   위

5

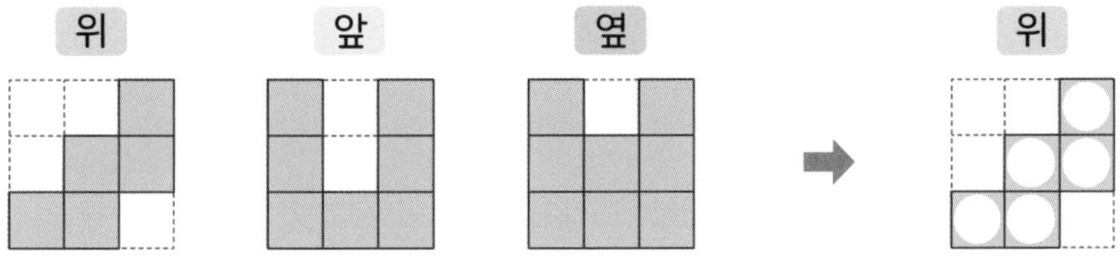

위   앞   옆   ➡   위

6 층별로 나타내기

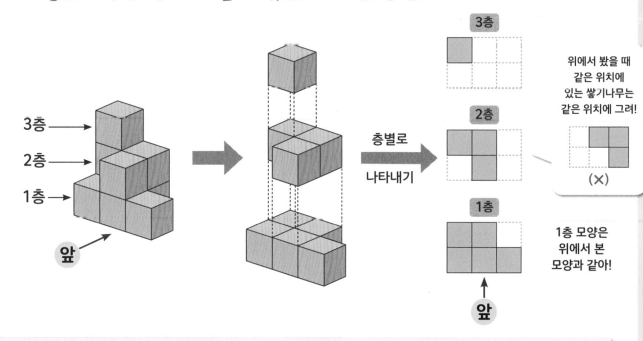

⭐ 쌓은 모양을 정확히 알 수 있는 또 다른 방법~

위에서 봤을 때 같은 위치에 있는 쌓기나무는 같은 위치에 그려!

(✗)

1층 모양은 위에서 본 모양과 같아!

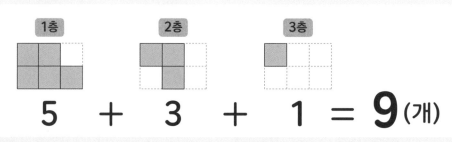

층별로 나타낸 그림을 보면, 전체 **쌓기나무의 개수도** 구할 수 있어!

$$5 + 3 + 1 = 9 \text{(개)}$$

▶ 개념 익히기 1

쌓기나무 9개로 만든 모양을 보고 물음에 답하세요.

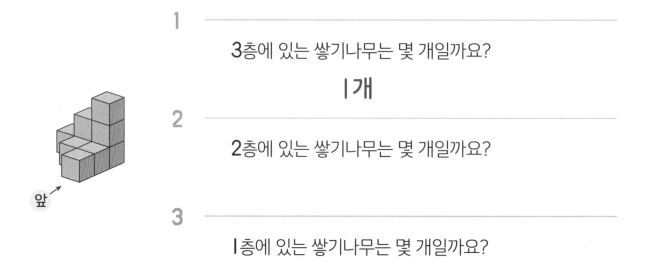

1
3층에 있는 쌓기나무는 몇 개일까요?

1개

2
2층에 있는 쌓기나무는 몇 개일까요?

3
1층에 있는 쌓기나무는 몇 개일까요?

▶ 정답 및 해설 24쪽

3321

문제 쌓기나무 5개로 만든 3층짜리 모양에서
2층의 모양이 오른쪽 그림과 같을 때,
1층과 3층의 모양을 그리세요.

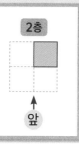

**위층에 쌓으려면
아래층에도
쌓기나무가 있어야 해!**

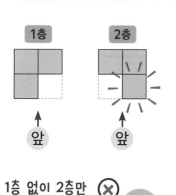

1층 없이 2층만
있는 모양은
불가능해!

풀이 3층의 모양

2층에 쌓기나무가 있는 곳에만
3층을 쌓을 수 있으니까
3층은 2층과 똑같은 위치에 1개!

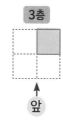

1층의 모양

전체 쌓기나무가 5개이고 3층, 2층에 각각 하나씩이니까
1층에는 쌓기나무가 3개!

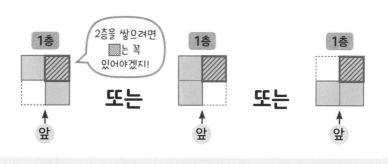

2층을 쌓으려면
▨는 꼭
있어야겠지!

또는   또는

▶ **개념 익히기 2**

쌓은 모양에서 2층이 다음과 같을 때, 1층의 모양으로 알맞은 것에 ○표 하세요.

1

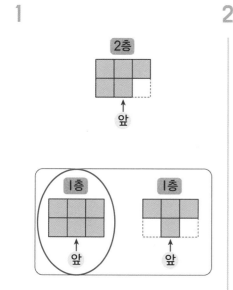

2

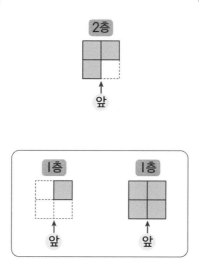

3

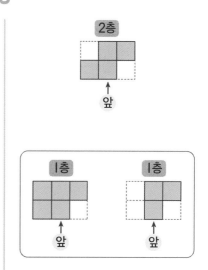

▶ 개념 다지기1

쌓은 모양과 I층의 모양을 보고, 각 층별로 알맞게 그리세요.

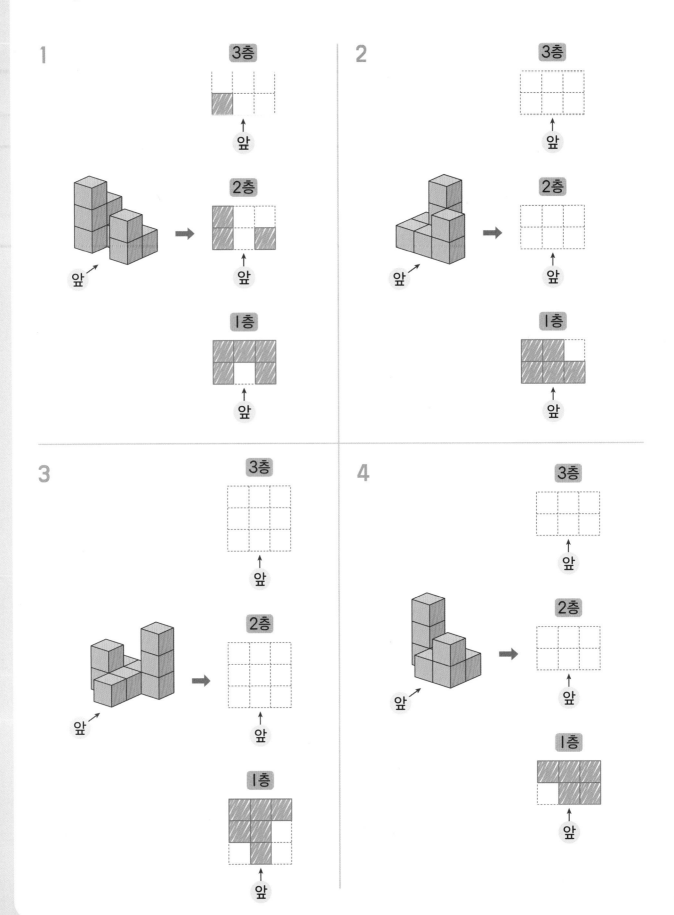

▶ 개념 다지기 2

층별로 나타낸 모양을 보고 위에서 본 모양을 그린 후, 각 자리에 쌓기나무가 몇 개 쌓여 있는지 수를 쓰세요.

1
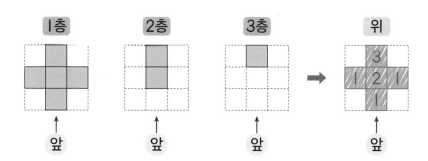

2
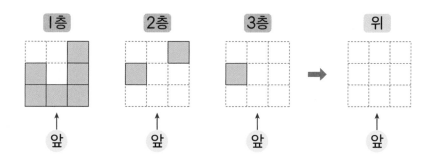

3
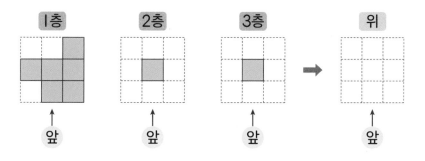

4
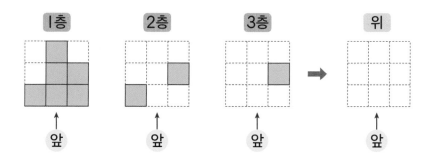

▶ 개념 마무리 1

쌓기나무로 쌓은 모양에서 2층의 모양이 다음과 같을 때, 1층의 모양이 될 수 있는 것에 1을 쓰고, 3층의 모양이 될 수 있는 것에 3을 쓰세요.

1

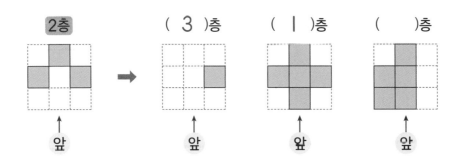

2

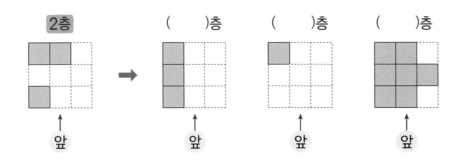

3

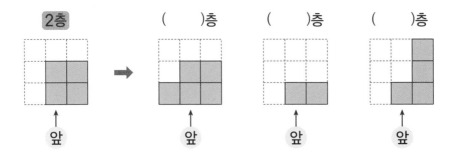

4

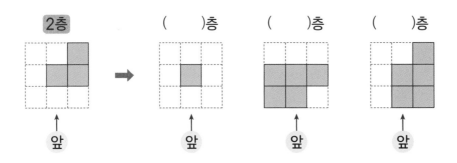

▶ 개념 마무리 2

쌓기나무로 3층짜리 모양을 만들려고 합니다. 2층의 모양을 보고 나머지 층에
알맞은 모양을 보기에서 찾아 기호를 쓰세요. (방향은 동일합니다.)

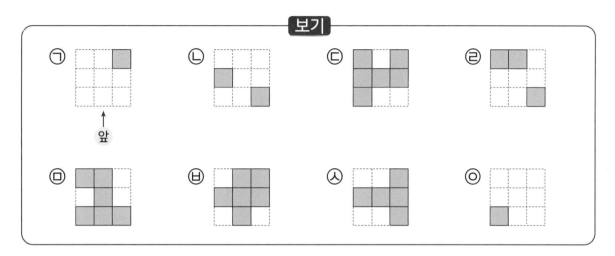

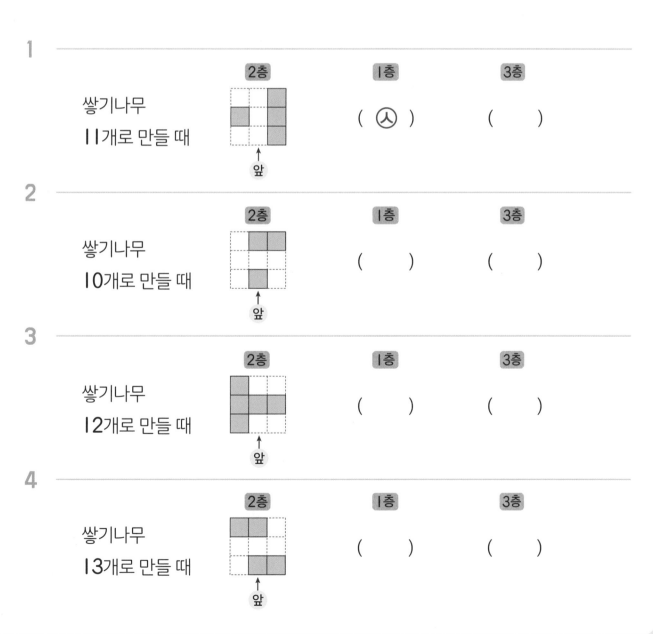

1

쌓기나무
11개로 만들 때

2층 1층 (ㅅ) 3층 (   )

2

쌓기나무
10개로 만들 때

2층 1층 (   ) 3층 (   )

3

쌓기나무
12개로 만들 때

2층 1층 (   ) 3층 (   )

4

쌓기나무
13개로 만들 때

2층 1층 (   ) 3층 (   )

✔ 단원 마무리

1

쌓기나무 10개로
만든 모양입니다.
위에서 본 모양으로
알맞은 것에 ○표
하시오.

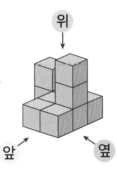

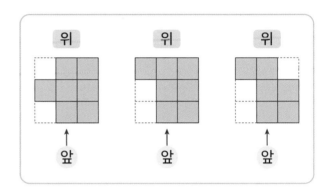

2

위에서 본 모양의 각 자리에
쌓기나무가 몇 개 쌓여 있는지
수를 쓰시오.

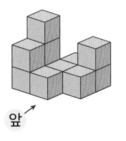

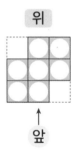

3

쌓기나무로 만든 모양을
보고, 위, 앞, 옆에서 본
모양을 그리시오.

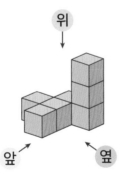

4

쌓기나무로 쌓은 모양을 층별로 나타내었
습니다. 똑같이 쌓는 데 필요한 쌓기나무는
몇 개인지 쓰시오.

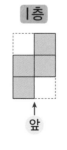

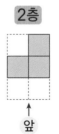

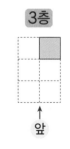

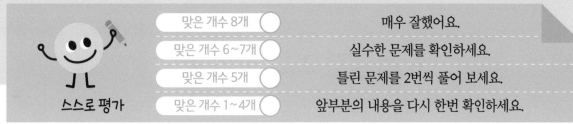

▶ 정답 및 해설 29~30쪽

[5~7] 보기의 모양을 보고, 물음에 답하시오.
(단, 뒤에 숨어있는 쌓기나무는 없고, 방향은 동일합니다.)

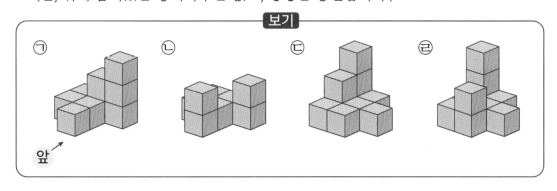

5

위, 앞, 옆에서 본 모양을 보고 쌓은
모양을 보기에서 찾아 기호를 쓰시오.

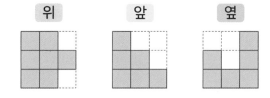

6

층별로 나타낸 모양을 보고 쌓은 모양을
보기에서 찾아 기호를 쓰시오.

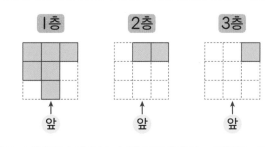

7

위에서 본 모양에 쓰인 수를 보고 알맞게 쌓은
모양을 보기에서 찾아 기호를 쓰시오.

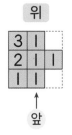

8

위, 앞, 옆에서 본 모양을 보고 1층 모양 위에 쌓기나무를 쌓으려고 합니다.
2층에 쌓기나무가 놓이는 자리를 찾아 색칠하시오.

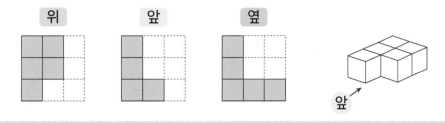

서술형으로 확인 ✏️

① 쌓기나무로 쌓은 모양을 위에서 볼 때, 무엇을 알 수 있는지 설명하세요.
(힌트: **42~43**쪽)

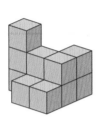

위에서 본 모양

. . . .

. . . .

. . . .

② 앞에서 본 모양을 보고 주어진 **1**층 모양 위에 쌓기나무를 쌓을 때, 만들 수 있는 모양이 몇 가지인지 쓰세요. (힌트: **54~55**쪽)

앞

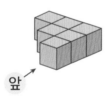

앞 →

. . . .

. . . .

. . . .

③ 두 친구가 쌓기나무를 **6**개씩 사용하여 만든 **3**층짜리 모양을 보고, 위에서 본 모양의 각 자리에 쌓기나무의 개수를 적었습니다. 아래 설명하는 문장을 완성해 보세요. (힌트: **60~61**쪽)

서윤		하준	
3	1	1	1
1		1	
1		3	

↑ 앞 　　↑ 앞

• 위에서 본 모양이 서로 같습니다.

• 앞에서 본 모양이 서로 _____.

• 옆에서 본 모양이 서로 _____.

• 층별로 사용한 개수가 서로 _____.

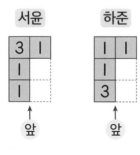

잠깐! 서술형으로 쓰기 어려워? 그럼 앞에서 배운 걸 떠올려 봐! 앞에서 찾아보고 적어도 좋아!

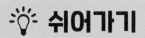

보는 방향에 따라 달라 보여~

보는 방향에 따라 달라 보이니까, 쌓기나무 그림을 그릴 때는 방향도 함께 적었지. 우리 주변의 사물들도 보는 방향에 따라서 완전히 새롭게 보일 때가 있어! 아래의 세 가지 사진은 무엇을 본 것일까? 맞혀봐~

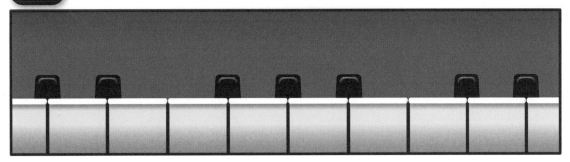

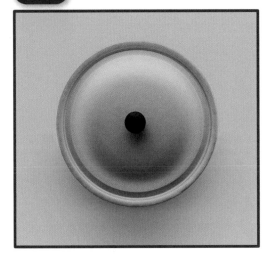

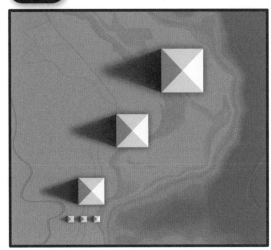

정답 1. 피아노 건반   2. 냄비 뚜껑   3. 이집트 피라미드

3 여러 가지 모양 만들기

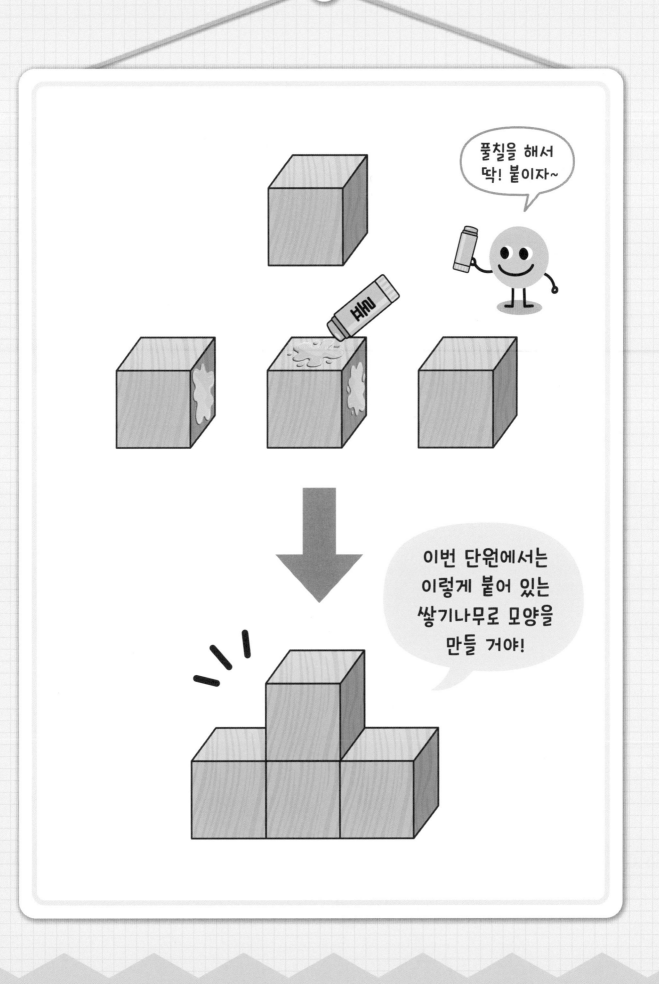

1 같은 모양, 다른 모양

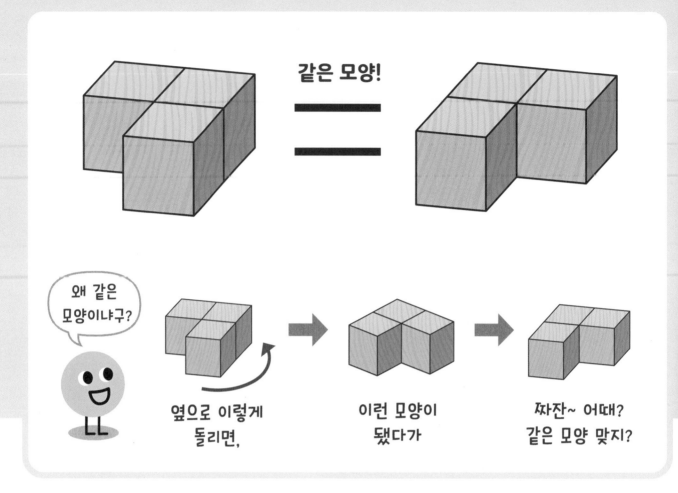

같은 모양!

왜 같은 모양이냐구?

옆으로 이렇게 돌리면,

이런 모양이 됐다가

짜잔~ 어때? 같은 모양 맞지?

▶ 개념 익히기 1

왼쪽의 모양과 비교하여 같은 것에 '같음', 다른 것에 '다름'이라고 쓰세요.

1

(같음)

2

( )

3

( )

▶정답 및 해설 31쪽

3324

같은 모양 의 쌓기나무는?

➡ 돌리거나 뒤집어서
모양이 같아지면
같은 모양의 쌓기나무!

예

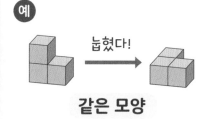

같은 모양

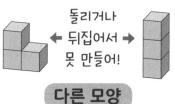

다른 모양

⭐ **쌓기나무 3개**로 만들 수 있는 모양은 **모두 2가지!**

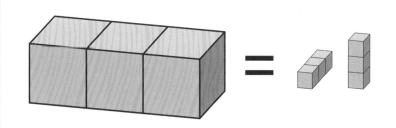

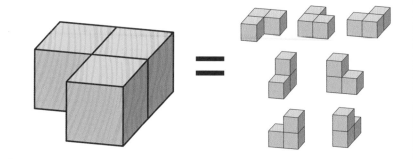

▶ 개념 익히기 2

문장을 읽고 옳은 것에 ○표, 틀린 것에 ✕표 하세요.

1

쌓기나무로 만든 모양을 10번 돌리면 다른 모양이 됩니다. (✕)

2

과 　　　　은 같은 모양입니다. (　　　)

3

쌓기나무 3개로 만들 수 있는 모양은 3가지입니다. (　　　)

2 쌓기나무 4개로 만든 모양

⭐ **쌓기나무 4개로 만들 수 있는 모양은 모두 8가지!**

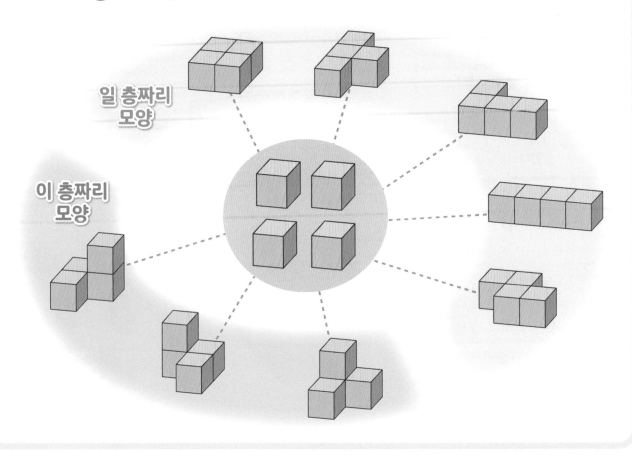

일 층짜리 모양

이 층짜리 모양

▶ **개념 익히기 1**

쌓기나무 3개로 만든 모양에 1개를 더 붙여서 만들 수 있는 모양을 모두 찾아 V표 하세요.

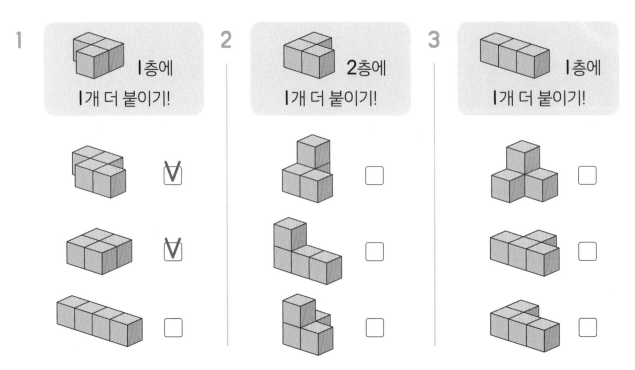

1ㅣ층에 1개 더 붙이기!

2 2층에 1개 더 붙이기!

3 1층에 1개 더 붙이기!

비슷한 모양끼리는
어떻게 구별할까?

나는 오른손
따봉!

나는 왼손
따봉!

나는
쌍따봉!!

쌓기나무에 얼굴과 손을 그리면
같은 모양을 쉽게 찾을 수 있어!

✔ 쌓기나무 4개로 만든 모양을
기억하는 방법!

→ 마늘과 따봉 삼총사

일 층짜리 모양을
위에서 보면~

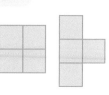 

이 층짜리 모양은
따봉 삼총사!

▶ 개념 익히기 2

주어진 모양과 같은 모양을 찾아 ○표 하세요.

1

2

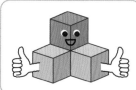

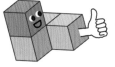

3

▶ 개념 다지기 1

서로 같은 모양끼리 짝지어진 것을 찾아 V표 하세요.

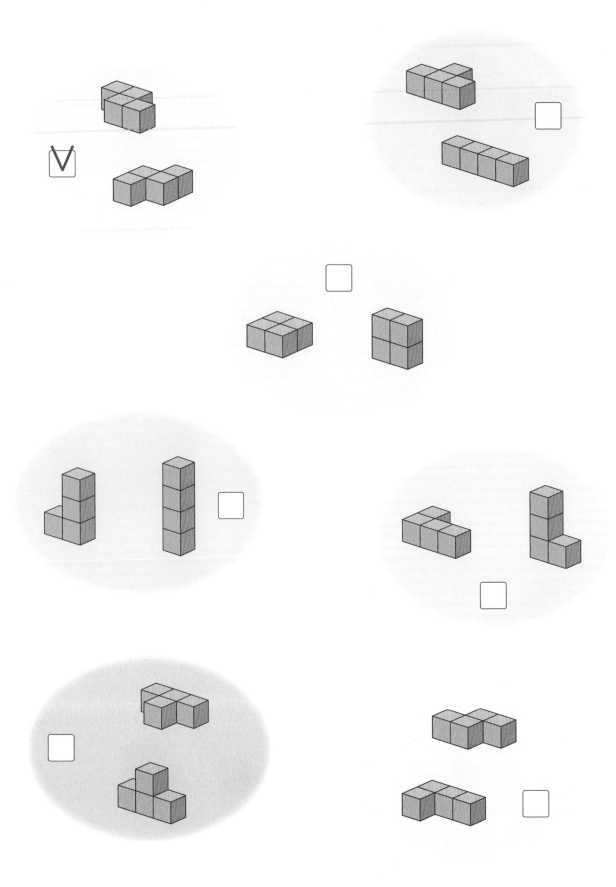

3326

▶ 개념 다지기 2

쌓기나무로 만든 따봉 삼총사 모양을 보고 같은 방향인 따봉 모양을 찾아 선으로 이으세요.

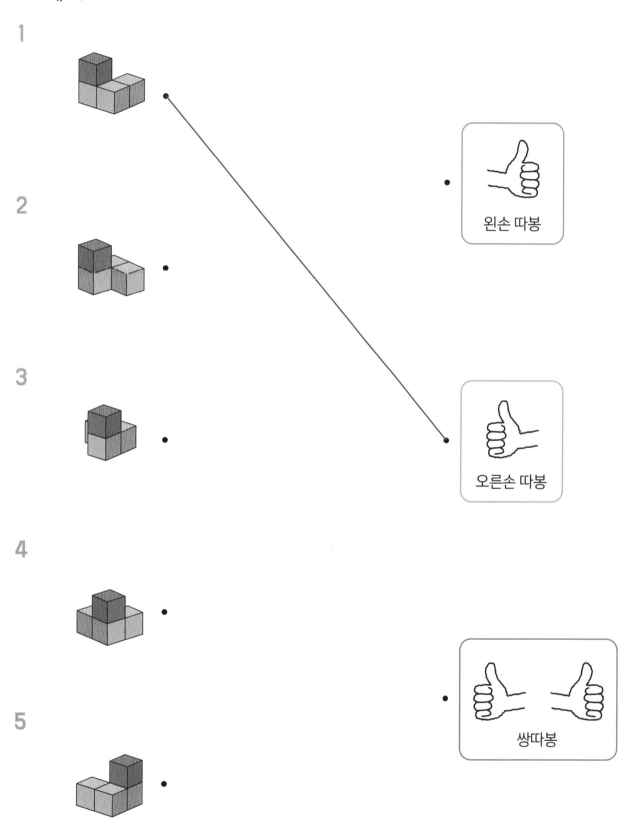

1

2

3

왼손 따봉

4

오른손 따봉

5

쌍따봉

▶ 개념 마무리 1

다음 중 서로 같은 모양을 찾아 ◯표 하세요.

1

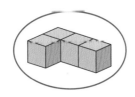   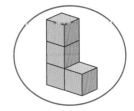

2

3

4

5

▶ 개념 마무리 2

보기 는 쌓기나무 **4**개로 만든 모양입니다. 문장을 읽고 옳은 것에 ○표, 틀린 것에 ✕표 하세요.

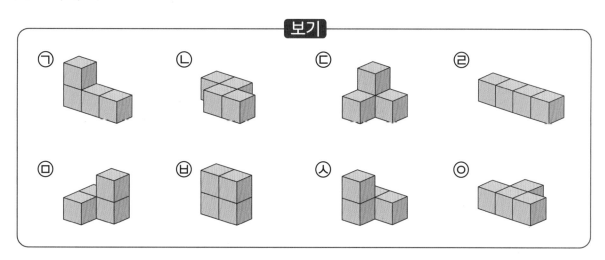

---

1 쌓기나무 **4**개로 만들 수 있는 모양은 보기 의 **8**가지뿐입니다. (○)

---

2 뒤집거나 돌려서 **1**층짜리 모양이 될 수 있는 것은 **3**가지입니다. ( )

---

3 뒤집거나 돌려도 항상 **2**층짜리 모양인 것은 **5**가지입니다. ( )

---

4 ⬢ 모양 **2**개를 사용해서 만들 수 있는 모양은 모두 **3**가지입니다. ( )

---

5 ⬢ 모양의 **2**층에 쌓기나무 **1**개를 붙여서 만들 수 있는 모양은 모두 **3**가지

입니다. ( )

③ 여러 가지 모양 만들기

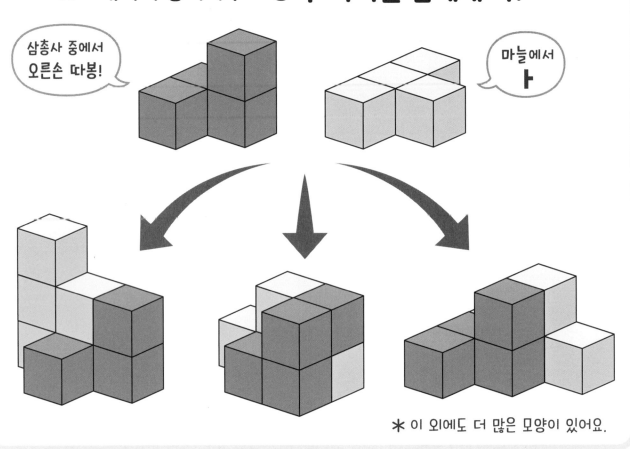

⭐ **4개짜리 쌓기나무 모양 두 가지를 합체해 봐!**

삼총사 중에서 오른손 따봉!

마늘에서 ㅏ

＊ 이 외에도 더 많은 모양이 있어요.

▶ 개념 익히기 1

 과 [그림]을 사용해서 만든 모양입니다. 위에서 본 모양을 그려 보세요.

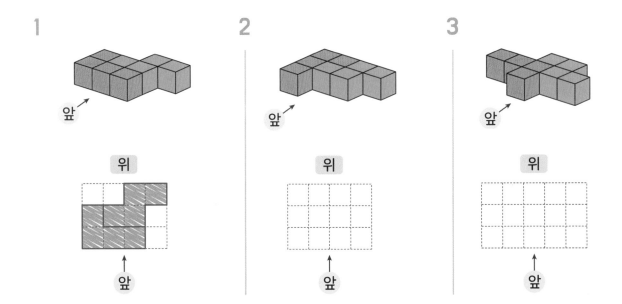

1

앞 →

위

앞 ↑

2

앞 →

위

앞 ↑

3

앞 →

위

앞 ↑

▶ 정답 및 해설 33쪽

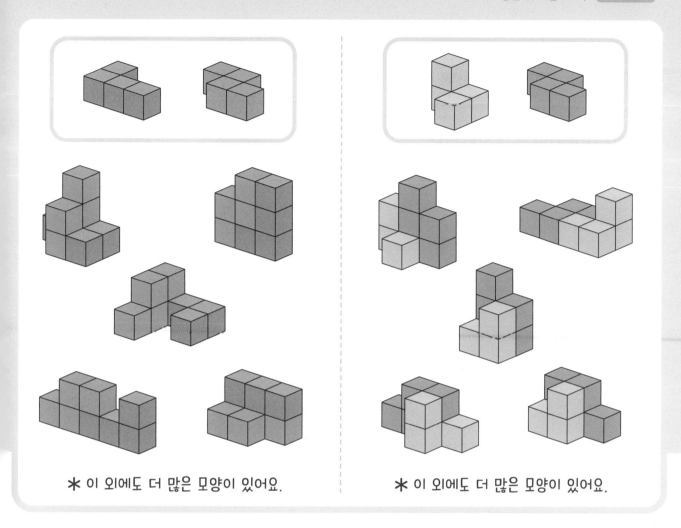

✱ 이 외에도 더 많은 모양이 있어요.   ✱ 이 외에도 더 많은 모양이 있어요.

▶ 개념 익히기 2

 과 [   ] 을 사용해서 만든 모양으로 옳은 것에 ○표, 아닌 것에 ✕표 하세요.

1   **2**   **3**

(○)   (   )   (   )

문제 주어진 두 모양을 사용하여 만든 모양을 보고, 어떻게 만들었는지 구분하여 알맞게 색칠하세요.

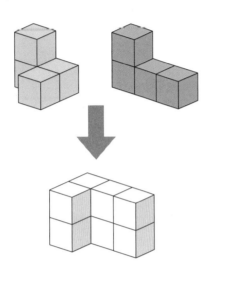

풀이

❶ 둘 중에 먼저 찾을 모양 정하기

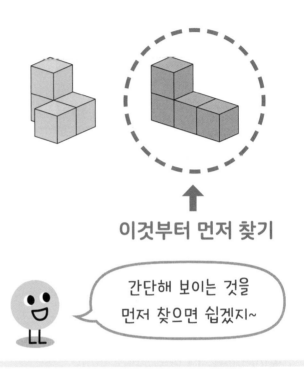

이것부터 먼저 찾기

간단해 보이는 것을 먼저 찾으면 쉽겠지~

▶ 개념 익히기 1

어떤 모양과 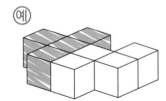 모양을 사용해서 새로운 모양을 만들었습니다. 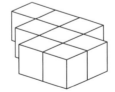의 자리를 추측하여 색칠해 보세요.

1

㉠

2

3

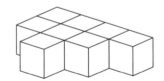

▶ 정답 및 해설 33쪽

3329

❷ 먼저 찾기로 정한 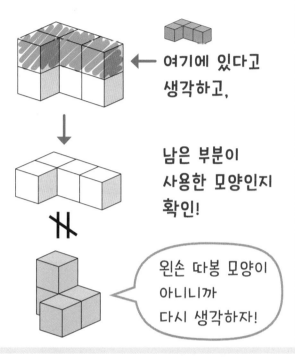 모양이 합체한 모양에서 어디에 있을지 추측하고 확인해 보기

← 여기에 있다고 생각하고,

남은 부분이 사용한 모양인지 확인!

≠

왼손 따봉 모양이 아니니까 다시 생각하자!

❸ 다시 추측하고 확인하기

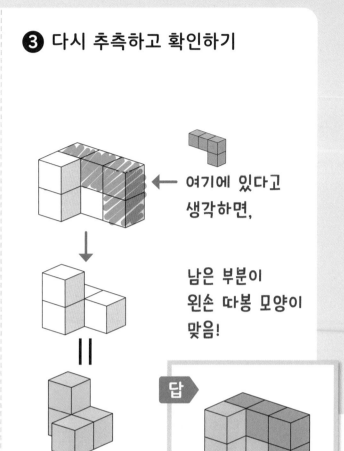

← 여기에 있다고 생각하면,

남은 부분이 왼손 따봉 모양이 맞음!

=

답

▶ 개념 익히기 2

4개짜리 쌓기나무 모양 두 가지를 사용해서 새로운 모양을 만들었습니다. 한 모양의 자리를 추측하여 색칠했을 때, 남은 부분도 한 덩어리의 모양이 되면 ○표, 안 되면 ×표 하세요.

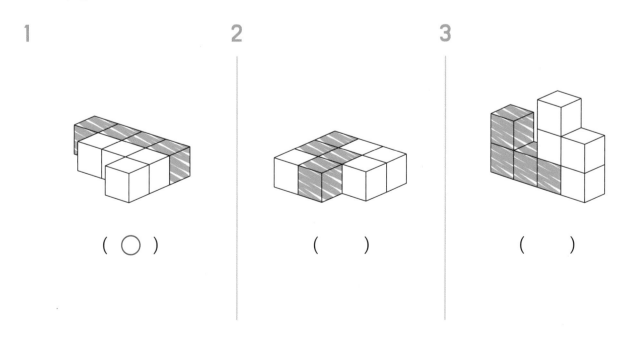

1

(○)

2

( )

3

( )

▶ 개념 다지기 1

두 가지 모양으로 새로운 모양을 어떻게 만들었는지 알기 위해, 한 모양의 자리를
추측하여 색칠했습니다. 바르게 추측한 것에 ○표, 틀린 것에 ✕표 하세요.

1

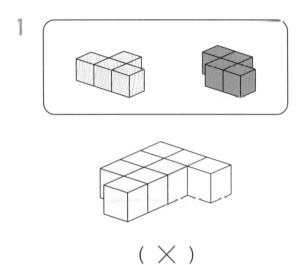

(✕)

2

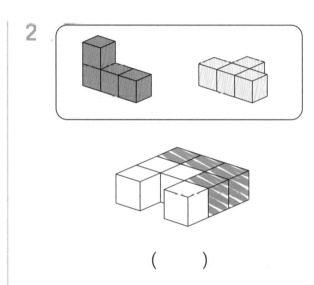

( )

3

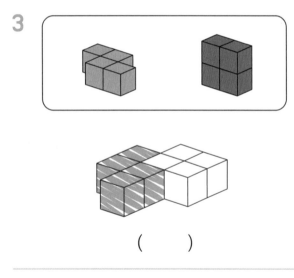

( )

4

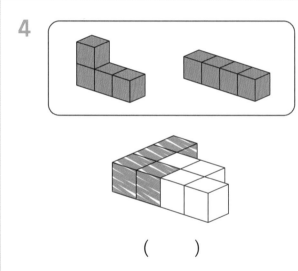

( )

5

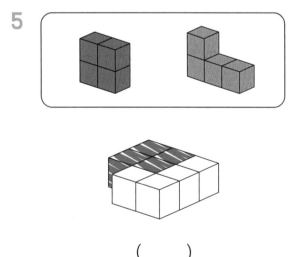

( )

6

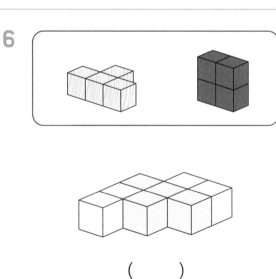

( )

3330

▶ 개념 다지기 2

왼쪽 모양을 만들기 위해 사용한 모양을 모두 찾아 ○표 하세요.

1

2

3

4

5

▶ 개념 마무리 1

주어진 모양을 사용하여 새로운 모양을 2개씩 만들었습니다. 어떻게 만들었는지
구분하여 색칠하세요.

1

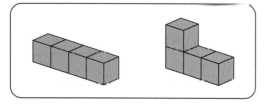

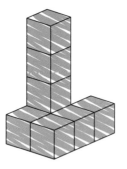

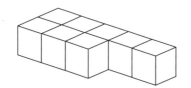

2

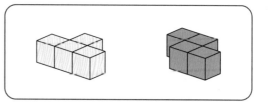

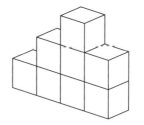

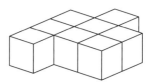

3

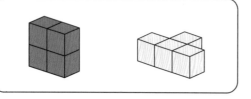

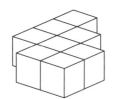

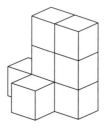

4

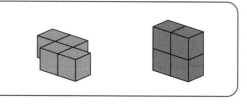

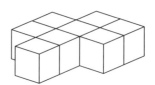

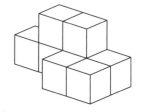

▶정답 및 해설 35쪽

▶ 개념 마무리 2

주어진 모양을 만들기 위해 4개짜리 쌓기나무 모양 2가지를 사용하려고 합니다.
괄호 안에서 알맞은 것에 ○표 하세요.

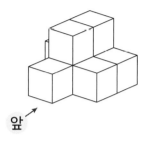

앞↗

1

 을 사용할 수 (있습니다 , (없습니다)).

2

 을 사용할 수 (있습니다 , 없습니다).

3

 을 앞에 놓을 때, 남은 부분이 되는 모양은 (, 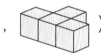)

입니다.

4

 을 1층 모양으로 놓을 때, 남은 부분이 되는 모양은

(,)입니다.

5

 을 1층 모양으로 놓을 때, 남은 부분이 되는 모양은

(,)입니다.

✔ 단원 마무리

1

다음 중 돌리거나 뒤집어서
모양이 같아지는 것끼리
선으로 연결하시오.

[2~4] 보기 를 보고, 물음에 답하시오.

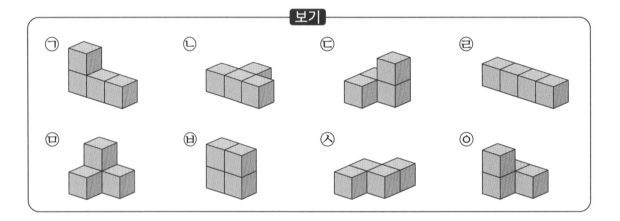

2

 에 쌓기나무 1개를 붙여서 만들 수 있는 모양을 모두 찾아 기호를 쓰시오.

3

뒤집거나 돌려서 1층짜리 모양이 될 수 있는 것을 모두 찾아 기호를 쓰시오.

4

뒤집거나 돌려도 항상 2층짜리 모양인 것을 모두 찾아 기호를 쓰시오.

맞은 개수 8개	매우 잘했어요.
맞은 개수 6~7개	실수한 문제를 확인하세요.
맞은 개수 5개	틀린 문제를 2번씩 풀어 보세요.
맞은 개수 1~4개	앞부분의 내용을 다시 한번 확인하세요.

스스로 평가

▶정답 및 해설 36쪽

5

다음 중 다른 모양 하나를 찾아 ✕표 하시오.

6

 과 을 사용하여 새로운 모양을 만들었습니다.

둘 중에 한 모양의 자리를 추측했을 때, 알맞은 말에 ○표 하시오.

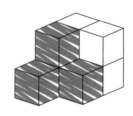　　➡　추측한 자리가 (맞습니다 , 아닙니다).

7

다음 중 과 을 사용하여 만들 수 있는 모양을 찾아 V표 하시오.

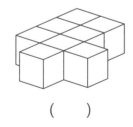　　　　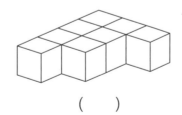　　　　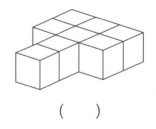

　　(　)　　　　　　　(　)　　　　　　　(　)

8

 과 을 사용하여 아래 모양을 만들었습니다.

어떻게 만들었는지 구분하여 알맞게 색칠하시오.

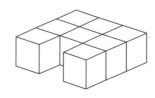

3. 여러 가지 모양 만들기　**95**

서술형으로 확인 ✏️

▶ 정답 및 해설 38쪽

① 과 이 같은 모양인지, 다른 모양인지 설명하세요.

(힌트: 78~79쪽)

....

....

② 다음 모양의 공통점을 쓰세요. (힌트: 80쪽)

   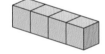

....

....

③ 다음 모양을 구분하는 방법을 설명하세요. (힌트: 81쪽)

....

잠깐! 서술형으로 쓰기 어려워? 그럼 앞에서 배운 걸 떠올려 봐. 앞에서 찾아보고 적어도 좋아!

'같다'의 의미

수의 크기가 같을 때는 기호 ＝를 써서 나타내. ＝의 이름은 '등호'이고, 같음을 나타내는 기호야.

모양과 크기가 완전히 같은 두 도형을 '합동'이라고 해. 기호 ≡는 두 도형이 합동이라는 뜻이야.
앞에서 배웠던 과 은 합동이지.

크기가 같든 다르든 모양이 똑같을 때 '닮음'이라고 해. 기호 ∽는 두 도형이 닮았다는 뜻으로, '비슷함'이라는 뜻을 가진 Similarity의 첫 글자 S를 옆으로 눕혀서 쓴 모양이지.

4 여러 가지 모양 만들기 연습

연습 문제

▶ 4개짜리 쌓기나무 모양 두 가지를 사용하여 아래의 모양을 만들었습니다.
어떻게 만들었는지 구분하여 색칠해 보세요.

1

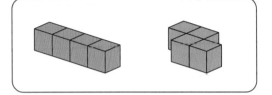

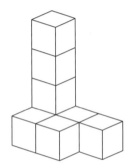

2

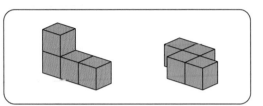

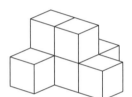

3

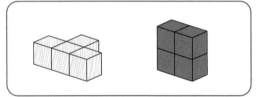

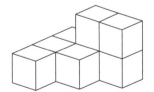

4

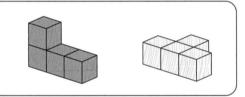

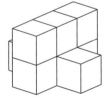

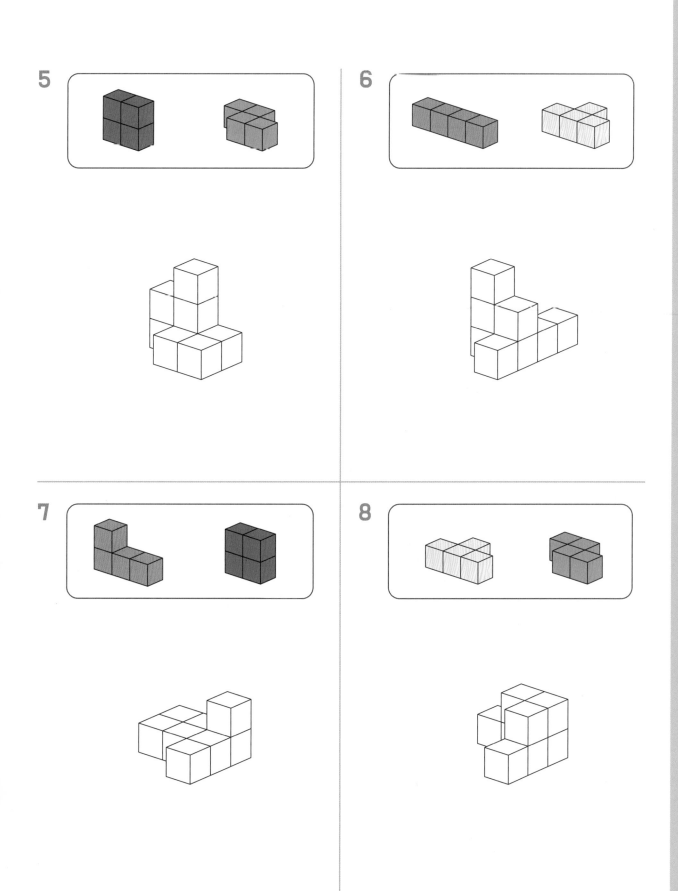

9

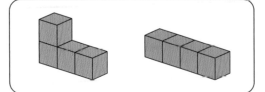

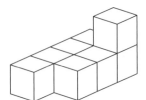

10

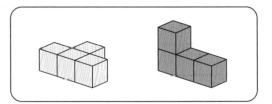

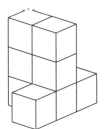

11

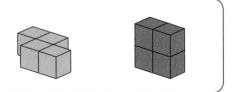

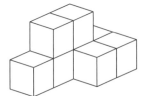

12

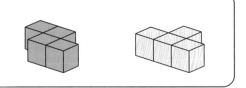

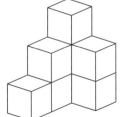

▶ 정답 및 해설 39쪽

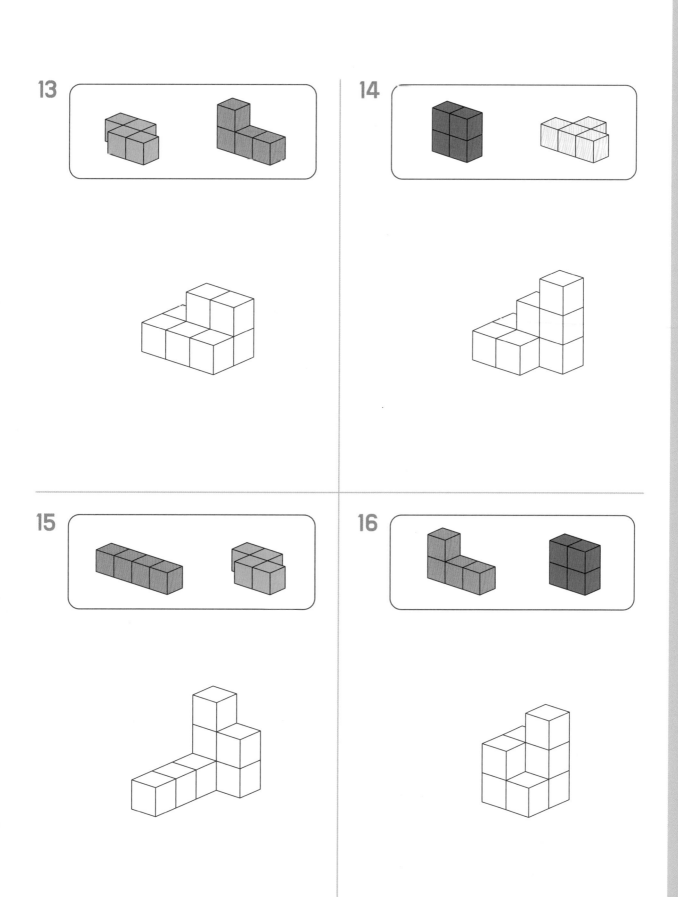

17

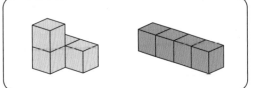

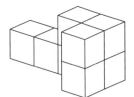

18

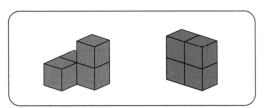

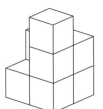

19

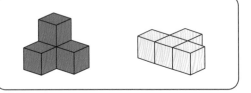

20

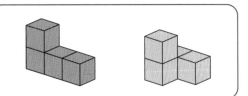

▶ 정답 및 해설 39쪽

21

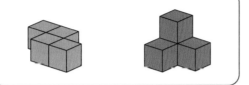

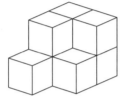

22

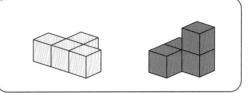

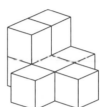

23

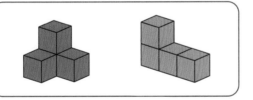

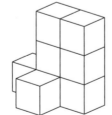

24

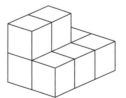

25

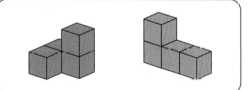

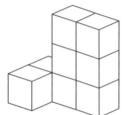

26

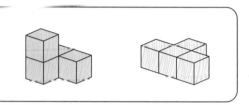

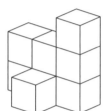

27

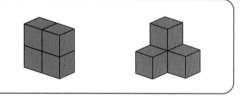

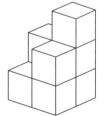

28

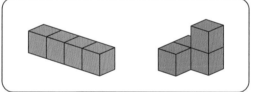

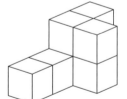

29
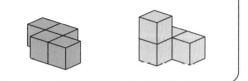

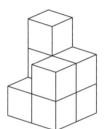

30
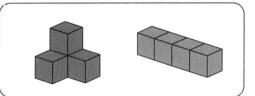

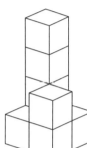

31
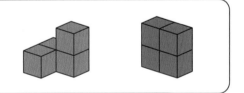

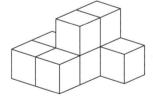

32

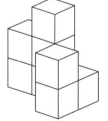

33

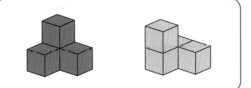

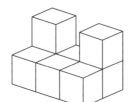

34

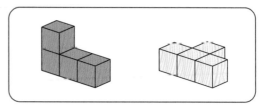

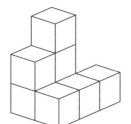

35

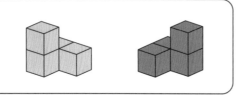

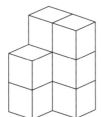

36

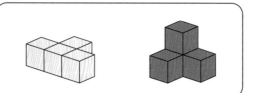

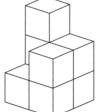

37

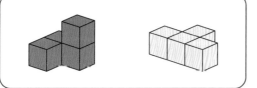

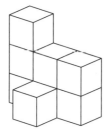

38

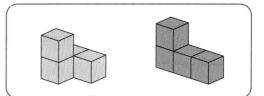

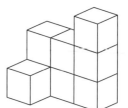

39

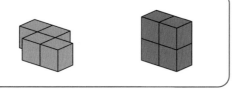

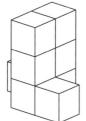

40

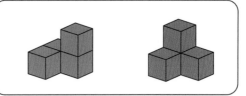

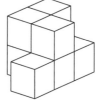

MEMO

MEMO

MEMO

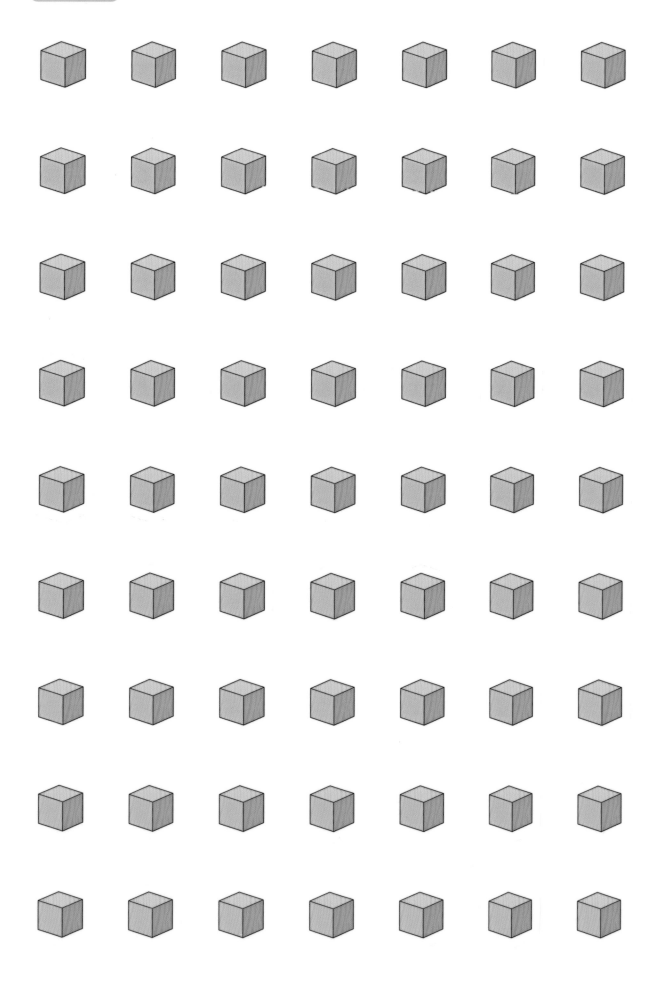

정답 및 해설은 키출판사 홈페이지
(www.keymedia.co.kr)에서도
볼 수 있습니다.

교육 R&D에 앞서가는
Key 키출판사

초등수학

쌓기나무

개념이 먼저다

정답 및 해설

정답 및 해설

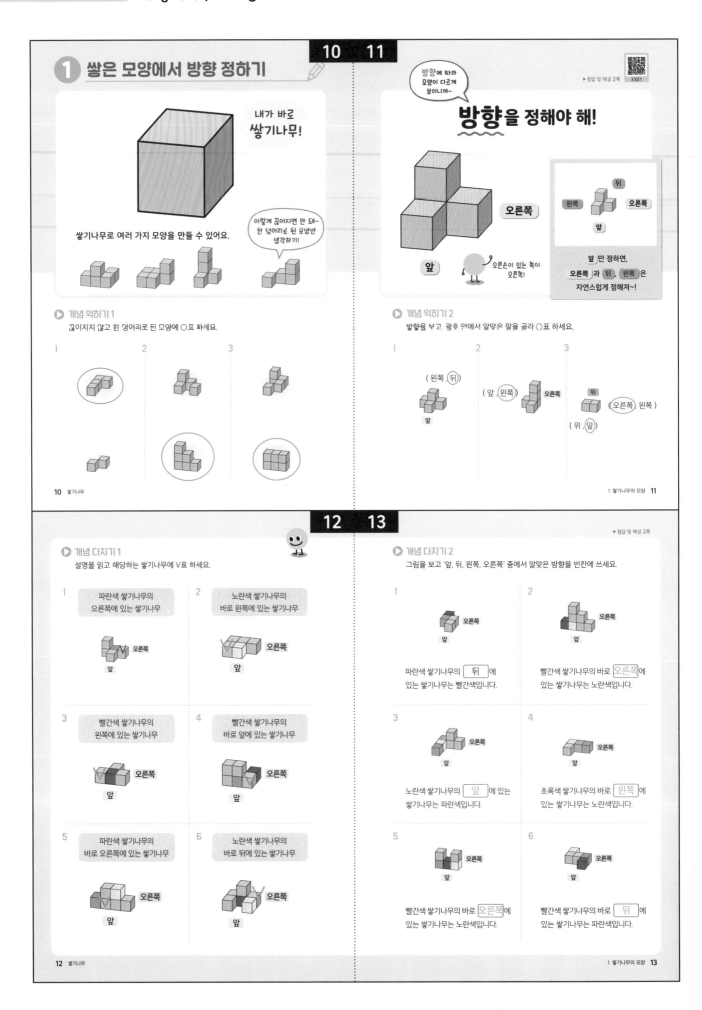

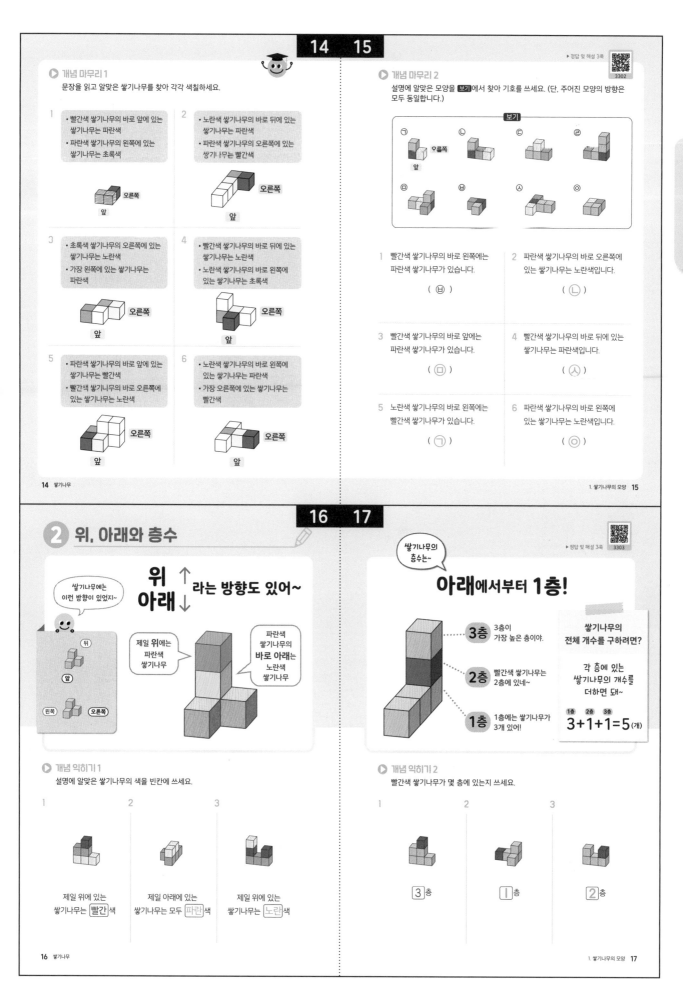

▶ 정답 및 해설 3쪽
3302

개념 마무리 1

문장을 읽고 알맞은 쌓기나무를 찾아 각각 색칠하세요.

1
• 빨간색 쌓기나무의 바로 앞에 있는 쌓기나무는 파란색
• 파란색 쌓기나무의 왼쪽에 있는 쌓기나무는 초록색

2
• 노란색 쌓기나무의 바로 뒤에 있는 쌓기나무는 파란색
• 파란색 쌓기나무의 오른쪽에 있는 쌓기나무는 빨간색

3
• 초록색 쌓기나무의 오른쪽에 있는 쌓기나무는 노란색
• 가장 왼쪽에 있는 쌓기나무는 파란색

4
• 빨간색 쌓기나무의 바로 뒤에 있는 쌓기나무는 노란색
• 노란색 쌓기나무의 바로 왼쪽에 있는 쌓기나무는 초록색

5
• 파란색 쌓기나무의 바로 앞에 있는 쌓기나무는 빨간색
• 빨간색 쌓기나무의 바로 오른쪽에 있는 쌓기나무는 노란색

6
• 노란색 쌓기나무의 바로 왼쪽에 있는 쌓기나무는 파란색
• 가장 오른쪽에 있는 쌓기나무는 빨간색

개념 마무리 2

설명에 알맞은 모양을 보기 에서 찾아 기호를 쓰세요. (단, 주어진 모양의 방향은 모두 동일합니다.)

보기

ㄱ ㄴ ㄷ ㄹ
ㅁ ㅂ ㅅ ㅇ

1 빨간색 쌓기나무의 바로 왼쪽에는 파란색 쌓기나무가 있습니다.
(ㅂ)

2 파란색 쌓기나무의 바로 오른쪽에 있는 쌓기나무는 노란색입니다.
(ㄴ)

3 빨간색 쌓기나무의 바로 앞에는 파란색 쌓기나무가 있습니다.
(ㅁ)

4 빨간색 쌓기나무의 바로 뒤에 있는 쌓기나무는 파란색입니다.
(ㅅ)

5 노란색 쌓기나무의 바로 왼쪽에는 빨간색 쌓기나무가 있습니다.
(ㄱ)

6 파란색 쌓기나무의 바로 왼쪽에 있는 쌓기나무는 노란색입니다.
(ㅇ)

2 위, 아래와 층수

쌓기나무에는 이런 방향이 있었지~

뒤 / 앞 / 왼쪽 / 오른쪽

위 ↑ 라는 방향도 있어~
아래 ↓

제일 위에는 파란색 쌓기나무

파란색 쌓기나무의 **바로 아래**는 노란색 쌓기나무

쌓기나무의 층수는~

▶ 정답 및 해설 3쪽
3303

아래에서부터 **1층!**

3층 3층이 가장 높은 층이야.

2층 빨간색 쌓기나무는 2층에 있네~

1층 1층에는 쌓기나무가 3개 있어!

쌓기나무의 **전체 개수**를 구하려면?

각 층에 있는 쌓기나무의 개수를 더하면 돼~

1층 2층 3층
3+1+1=5(개)

개념 익히기 1

설명에 알맞은 쌓기나무의 색을 빈칸에 쓰세요.

1
제일 위에 있는 쌓기나무는 빨간색

2
제일 아래에 있는 쌓기나무는 모두 파란색

3
제일 위에 있는 쌓기나무는 노란색

개념 익히기 2

빨간색 쌓기나무가 몇 층에 있는지 쓰세요.

1
3층

2
1층

3
2층

정답 및 해설 (세로) 정답 및 해설

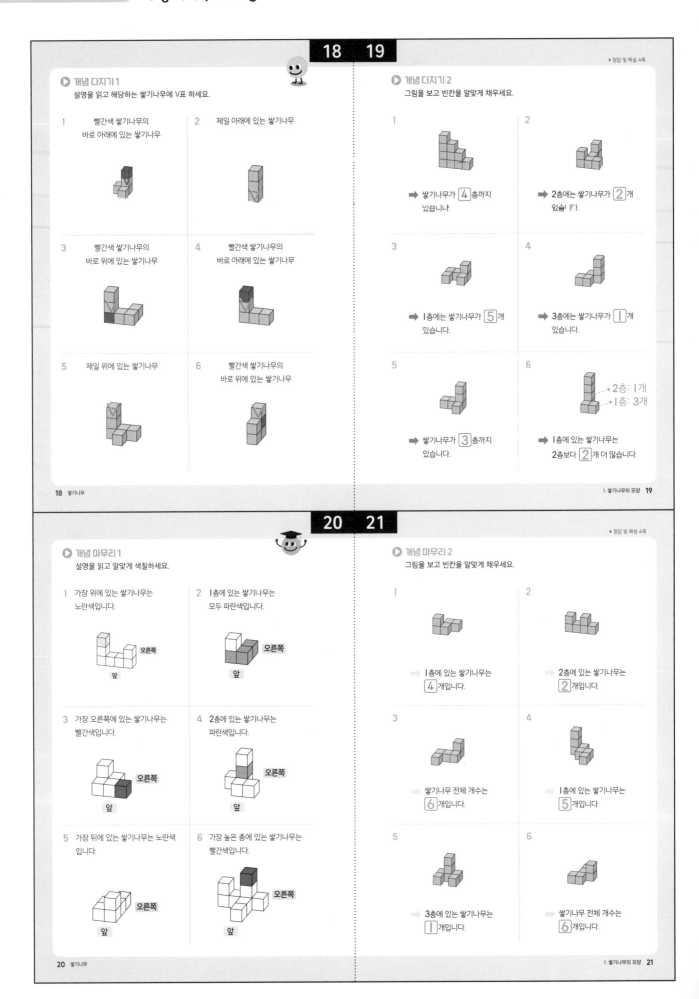

18　19

▶ 정답 및 해설 4쪽

▶ 개념 다지기 1
설명을 읽고 해당하는 쌓기나무에 V표 하세요.

1　빨간색 쌓기나무의 바로 아래에 있는 쌓기나무

2　제일 아래에 있는 쌓기나무

3　빨간색 쌓기나무의 바로 위에 있는 쌓기나무

4　빨간색 쌓기나무의 바로 아래에 있는 쌓기나무

5　제일 위에 있는 쌓기나무

6　빨간색 쌓기나무의 바로 위에 있는 쌓기나무

18　쌓기나무

▶ 개념 다지기 2
그림을 보고 빈칸을 알맞게 채우세요.

1　➡ 쌓기나무가 [4]층까지 있습니다.

2　➡ 2층에는 쌓기나무가 [2]개 있습니다.

3　➡ 1층에는 쌓기나무가 [5]개 있습니다.

4　➡ 3층에는 쌓기나무가 [1]개 있습니다.

5　➡ 쌓기나무가 [3]층까지 있습니다.

6　→ 2층: 1개　→ 1층: 3개
➡ 1층에 있는 쌓기나무는 2층보다 [2]개 더 많습니다.

1. 쌓기나무의 모양　19

20　21

▶ 정답 및 해설 4쪽

▶ 개념 마무리 1
설명을 읽고 알맞게 색칠하세요.

1　가장 위에 있는 쌓기나무는 노란색입니다.
오른쪽　앞

2　1층에 있는 쌓기나무는 모두 파란색입니다.
오른쪽　앞

3　가장 오른쪽에 있는 쌓기나무는 빨간색입니다.
오른쪽　앞

4　2층에 있는 쌓기나무는 파란색입니다.
오른쪽　앞

5　가장 뒤에 있는 쌓기나무는 노란색입니다.
오른쪽　앞

6　가장 높은 층에 있는 쌓기나무는 빨간색입니다.
오른쪽　앞

20　쌓기나무

▶ 개념 마무리 2
그림을 보고 빈칸을 알맞게 채우세요.

1　➡ 1층에 있는 쌓기나무는 [4]개입니다.

2　➡ 2층에 있는 쌓기나무는 [2]개입니다.

3　➡ 쌓기나무 전체 개수는 [6]개입니다.

4　➡ 1층에 있는 쌓기나무는 [5]개입니다.

5　➡ 3층에 있는 쌓기나무는 [1]개입니다.

6　➡ 쌓기나무 전체 개수는 [6]개입니다.

1. 쌓기나무의 모양　21

3 쌓은 모양 설명하기

▶정답 및 해설 5쪽

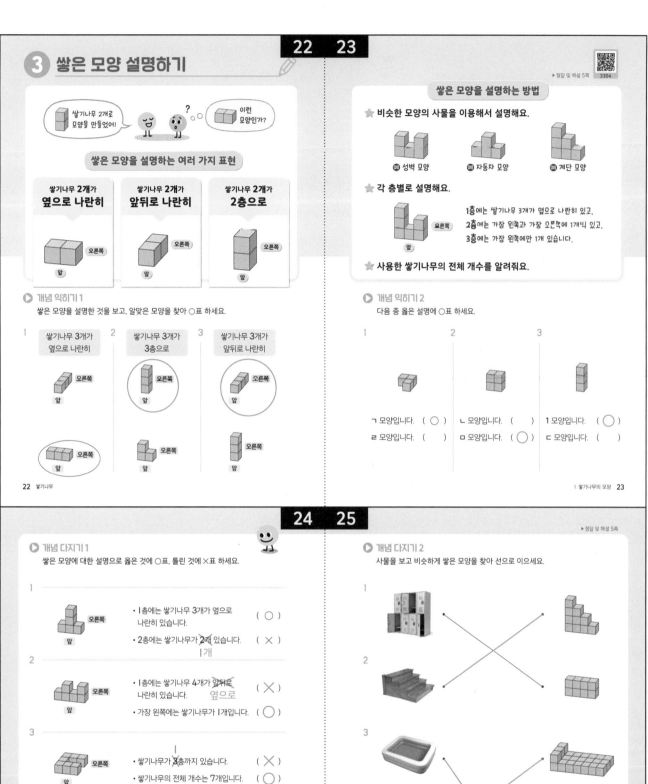

쌓은 모양을 설명하는 여러 가지 표현

쌓기나무 2개가 **옆으로 나란히**	쌓기나무 2개가 **앞뒤로 나란히**	쌓기나무 2개가 **2층으로**

쌓은 모양을 설명하는 방법

★ 비슷한 모양의 사물을 이용해서 설명해요.
- 예 성벽 모양
- 예 자동차 모양
- 예 계단 모양

★ 각 층별로 설명해요.
1층에는 쌓기나무 3개가 옆으로 나란히 있고,
2층에는 가장 왼쪽과 가장 오른쪽에 1개씩 있고,
3층에는 가장 왼쪽에만 1개 있습니다.

★ 사용한 쌓기나무의 전체 개수를 알려줘요.

▶ **개념 익히기 1**
쌓은 모양을 설명한 것을 보고, 알맞은 모양을 찾아 ○표 하세요.

1 쌓기나무 3개가 옆으로 나란히
2 쌓기나무 3개가 3층으로
3 쌓기나무 3개가 앞뒤로 나란히

▶ **개념 익히기 2**
다음 중 옳은 설명에 ○표 하세요.

1
ㄱ 모양입니다. (○)
ㄹ 모양입니다. ( )

2
ㄴ 모양입니다. ( )
ㅁ 모양입니다. (○)

3
1 모양입니다. (○)
ㄷ 모양입니다. ( )

▶정답 및 해설 5쪽

▶ **개념 다지기 1**
쌓은 모양에 대한 설명으로 옳은 것에 ○표, 틀린 것에 ✕표 하세요.

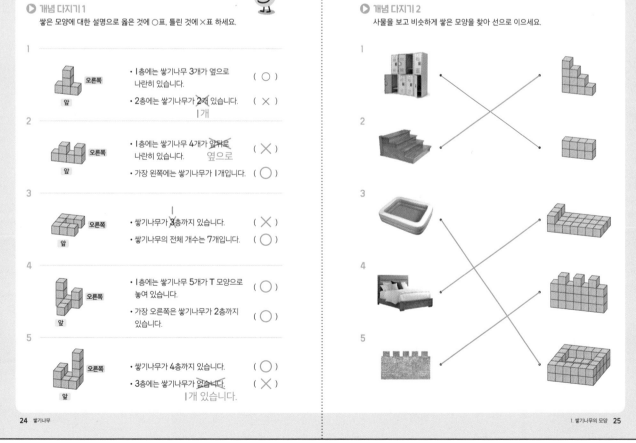

1
- 1층에는 쌓기나무 3개가 옆으로 나란히 있습니다. (○)
- 2층에는 쌓기나무가 2개 있습니다. (✕) 1개

2
- 1층에는 쌓기나무 4개가 앞뒤로 나란히 있습니다. (✕) 옆으로
- 가장 왼쪽에는 쌓기나무가 1개입니다. (○)

3
- 쌓기나무가 3층까지 있습니다. (✕)
- 쌓기나무의 전체 개수는 7개입니다. (○)

4
- 1층에는 쌓기나무 5개가 T 모양으로 놓여 있습니다. (○)
- 가장 오른쪽은 쌓기나무가 2층까지 있습니다. (○)

5
- 쌓기나무가 4층까지 있습니다. (○)
- 3층에는 쌓기나무가 없습니다. (✕) 1개 있습니다.

▶ **개념 다지기 2**
사물을 보고 비슷하게 쌓은 모양을 찾아 선으로 이으세요.

26   27

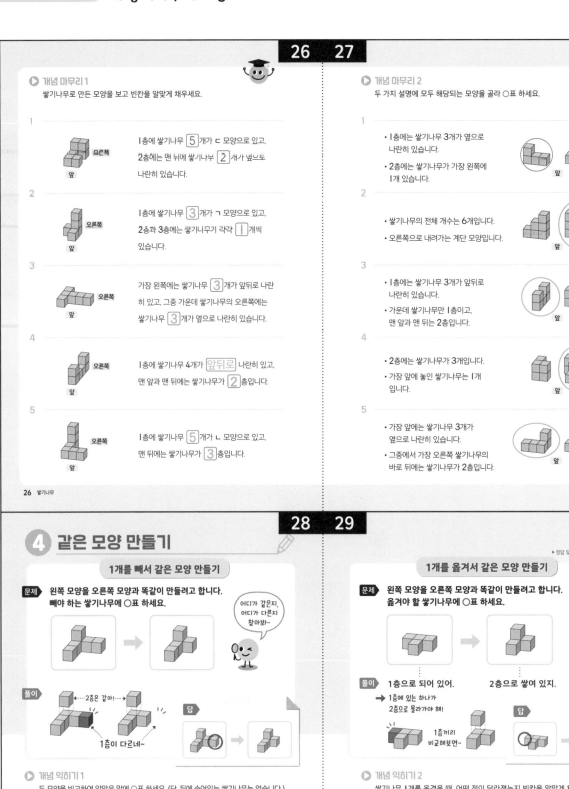

▶ 정답 및 해설 6쪽

개념 마무리 1
쌓기나무로 만든 모양을 보고 빈칸을 알맞게 채우세요.

1. 1층에 쌓기나무 5 개가 ㄷ 모양으로 있고, 2층에는 맨 뒤에 쌓기나무 2 개가 옆으로 나란히 있습니다.

2. 1층에 쌓기나무 3 개가 ㄱ 모양으로 있고, 2층과 3층에는 쌓기나무기 각각 1 개씩 있습니다.

3. 가장 왼쪽에는 쌓기나무 3 개가 앞뒤로 나란히 있고, 그중 가운데 쌓기나무의 오른쪽에는 쌓기나무 3 개가 옆으로 나란히 있습니다.

4. 1층에 쌓기나무 4개가 앞뒤로 나란히 있고, 맨 앞과 맨 뒤에는 쌓기나무가 2 층입니다.

5. 1층에 쌓기나무 5 개가 ㄴ 모양으로 있고, 맨 뒤에는 쌓기나무가 3 층입니다.

개념 마무리 2
두 가지 설명에 모두 해당되는 모양을 골라 ○표 하세요.

1. • 1층에는 쌓기나무 3개가 옆으로 나란히 있습니다.
  • 2층에는 쌓기나무가 가장 왼쪽에 1개 있습니다.

2. • 쌓기나무의 전체 개수는 6개입니다.
  • 오른쪽으로 내려가는 계단 모양입니다.

3. • 1층에는 쌓기나무 3개가 앞뒤로 나란히 있습니다.
  • 가운데 쌓기나무만 1층이고, 맨 앞과 맨 뒤는 2층입니다.

4. • 2층에는 쌓기나무가 3개입니다.
  • 가장 앞에 놓인 쌓기나무는 1개 입니다.

5. • 가장 앞에는 쌓기나무 3개가 옆으로 나란히 있습니다.
  • 그중에서 가장 오른쪽 쌓기나무의 바로 뒤에는 쌓기나무가 2층입니다.

28   29

4 같은 모양 만들기

1개를 빼서 같은 모양 만들기

문제 왼쪽 모양을 오른쪽 모양과 똑같이 만들려고 합니다. 빼야 하는 쌓기나무에 ○표 하세요.

어디가 같은지, 어디가 다른지 찾아봐~

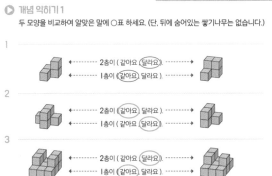

풀이 ←2층은 같아!→   1층이 다르네~

답

▶ 정답 및 해설 6쪽
3305

1개를 옮겨서 같은 모양 만들기

문제 왼쪽 모양을 오른쪽 모양과 똑같이 만들려고 합니다. 옮겨야 할 쌓기나무에 ○표 하세요.

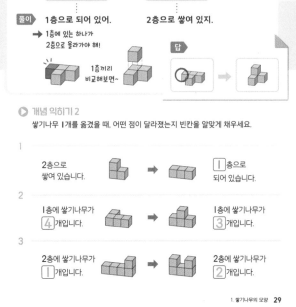

풀이 1층으로 되어 있어.   2층으로 쌓여 있지.
➡ 1층에 있는 하나가 2층으로 올라가야 해!
1층끼리 비교해보면~

답

개념 익히기 1
두 모양을 비교하여 알맞은 말에 ○표 하세요. (단, 뒤에 숨어있는 쌓기나무는 없습니다.)

1. 2층이 (같아요 (달라요)).
   1층이 ((같아요) 달라요).

2. 2층이 ((같아요) 달라요).
   1층이 (같아요 (달라요)).

3. 2층이 (같아요 (달라요)).
   1층이 ((같아요) 달라요).

개념 익히기 2
쌓기나무 1개를 옮겼을 때, 어떤 점이 달라졌는지 빈칸을 알맞게 채우세요.

1. 2층으로 쌓여 있습니다. ➡ 1 층으로 되어 있습니다.

2. 1층에 쌓기나무가 4 개입니다. ➡ 1층에 쌓기나무가 3 개입니다.

3. 2층에 쌓기나무가 1 개입니다. ➡ 2층에 쌓기나무가 2 개입니다.

▶ 개념 다지기 1

왼쪽 모양에서 쌓기나무 1개를 **빼서** 오른쪽 모양을 만들려고 합니다.
<u>왼쪽 모양</u>에서 빼야 하는 쌓기나무를 찾아 ○표 하세요.

▶ 개념 다지기 2

왼쪽 모양에서 쌓기나무 1개를 **옮겨서** 오른쪽 모양을 만들었습니다.
<u>옮긴 쌓기나무</u>를 찾아 양쪽 모두 색칠하세요.

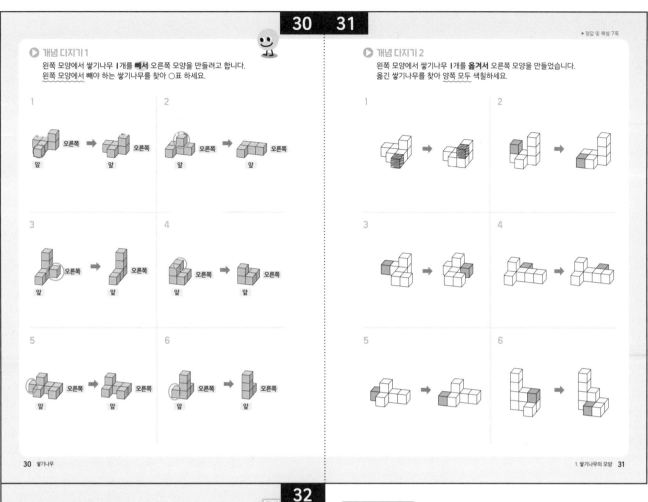

▶ 개념 마무리 1

조건에 따라 만든 모양을 찾아 ○표 하세요.

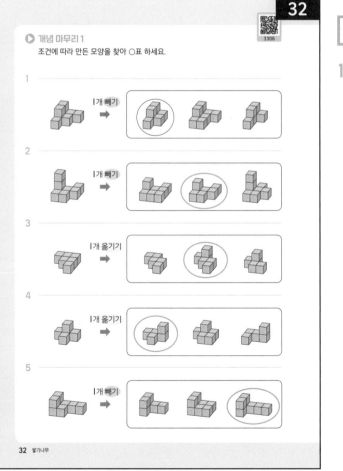

32쪽

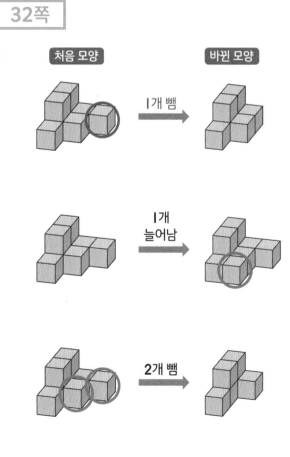

32쪽

2

처음 모양		바뀐 모양

 1개 옮김

  1개 뺌

 1개 옮김

3

처음 모양		바뀐 모양

 1개 뺌

 1개 옮김

 1개 옮기고 1개 뺌

4

처음 모양		바뀐 모양

 1개 옮김

 1개 늘어남

 2개 옮김

5

처음 모양		바뀐 모양

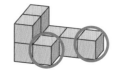 2개 뺌

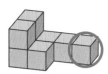 1개 옮김

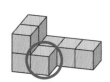 1개 뺌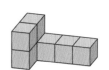

1

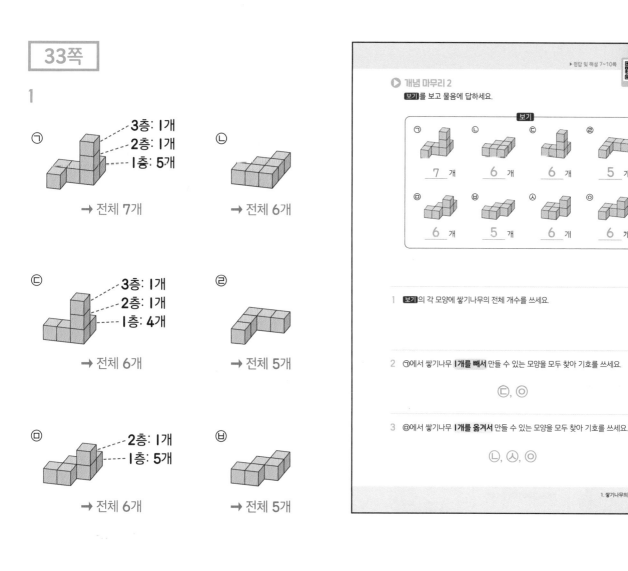

⊙
3층: 1개
2층: 1개
1층: 5개
→ 전체 7개

ⓛ
→ 전체 6개

ⓒ
3층: 1개
2층: 1개
1층: 4개
→ 전체 6개

ⓔ
→ 전체 5개

ⓜ
2층: 1개
1층: 5개
→ 전체 6개

ⓗ
→ 전체 5개

ⓢ
2층: 1개
1층: 5개
→ 전체 6개

ⓞ
2층: 1개
1층: 5개
→ 전체 6개

*2번, 3번 해설은 뒷장에 있습니다.

▶ 정답 및 해설 7~10쪽

33
3307

▶ 개념 마무리 2
보기 를 보고 물음에 답하세요.

보기

⊙ __7__ 개   ⓛ __6__ 개   ⓒ __6__ 개   ⓔ __5__ 개

ⓜ __6__ 개   ⓗ __5__ 개   ⓢ __6__ 개   ⓞ __6__ 개

1 보기 의 각 모양에 쌓기나무의 전체 개수를 쓰세요.

2 ⊙에서 쌓기나무 **1개를 빼서** 만들 수 있는 모양을 모두 찾아 기호를 쓰세요.

ⓒ, ⓞ

3 ⓜ에서 쌓기나무 **1개를 옮겨서** 만들 수 있는 모양을 모두 찾아 기호를 쓰세요.

ⓛ, ⓢ, ⓞ

1. 쌓기나무의 모양 **33**

정답 및 해설

2 ㉠ 모양은 쌓기나무 **7**개로 만들었음
→ 쌓기나무 **1**개가 빠지는 거니까
   6개짜리 모양 중에서 찾기

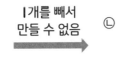

처음 모양   바뀐 모양

㉠   1개를 빼서
만들 수 없음   ㉡

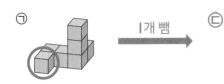

㉠   1개 뺌   ㉢

㉠   1개를 빼서
만들 수 없음   ㉣

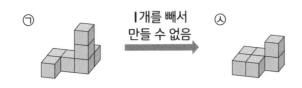

㉠   1개를 빼서
만들 수 없음   ㉺

㉠   1개 뺌   ◎

답 ㉢, ◎

3 쌓기나무를 옮겨도 전체 개수는 그대로.
→ ㉤ 모양은 쌓기나무 **6**개로 만들었으니까
   6개짜리 모양 중에서 찾기

처음 모양   바뀐 모양

㉤   1개 옮김   ㉡

㉤   1개를 옮겨서
만들 수 없음   ㉢

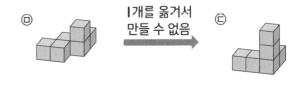

㉤   1개 옮김   ㉺

㉤   1개 옮김   ◎

답 ㉡, ㉺, ◎

34쪽

2

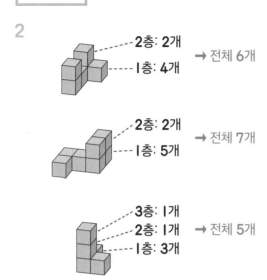

- 2층: 2개
- 1층: 4개 → 전체 6개

- 2층: 2개
- 1층: 5개 → 전체 7개

- 3층: 1개
- 2층: 1개
- 1층: 3개 → 전체 5개

3

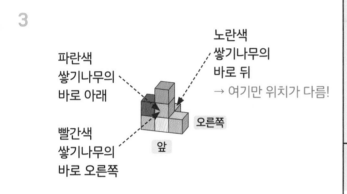

파란색 쌓기나무의 바로 아래

노란색 쌓기나무의 바로 뒤
→ 여기만 위치가 다름!

빨간색 쌓기나무의 바로 오른쪽

오른쪽

앞

35쪽

7 쌓기나무 1개를 빼서 만들 수 없는 것 찾기

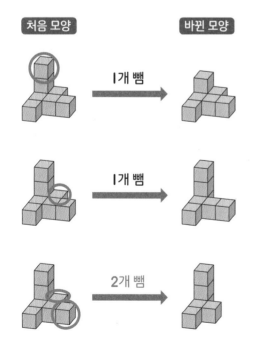

처음 모양 → 바뀐 모양

1개 뺌

1개 뺌

2개 뺌

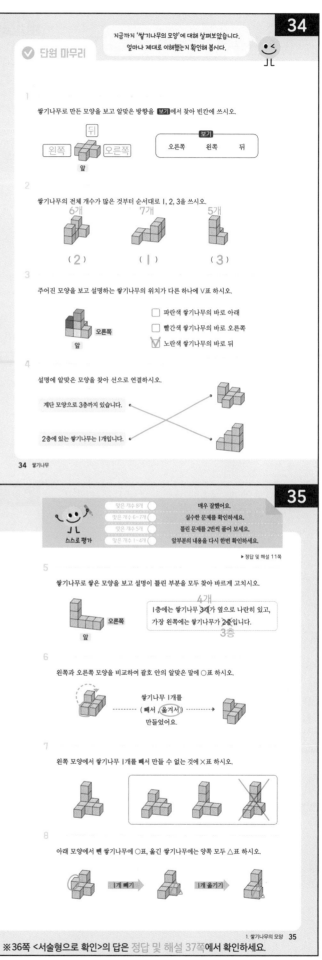

34

지금까지 '쌓기나무의 모양'에 대해 살펴보았습니다.
얼마나 제대로 이해했는지 확인해 봅시다.

✔ 단원 마무리

1

쌓기나무로 만든 모양을 보고 알맞은 방향을 보기 에서 찾아 빈칸에 쓰시오.

뒤
왼쪽   오른쪽
앞

보기
오른쪽   왼쪽   뒤

2

쌓기나무의 전체 개수가 많은 것부터 순서대로 1, 2, 3을 쓰시오.

6개   7개   5개

(2)   (1)   (3)

3

주어진 모양을 보고 설명하는 쌓기나무의 위치가 다른 하나에 V표 하시오.

오른쪽
앞

☐ 파란색 쌓기나무의 바로 아래
☐ 빨간색 쌓기나무의 바로 오른쪽
☑ 노란색 쌓기나무의 바로 뒤

4

설명에 알맞은 모양을 찾아 선으로 연결하시오.

계단 모양으로 3층까지 있습니다.

2층에 있는 쌓기나무는 1개입니다.

34 쌓기나무

35

스스로 평가

맞은 개수 8개 ○   매우 잘했어요.
맞은 개수 6~7개 ○   실수한 문제를 확인하세요.
맞은 개수 5개 ○   틀린 문제를 2번씩 풀어 보세요.
맞은 개수 1~4개 ○   앞부분의 내용을 다시 한번 확인하세요.

▶ 정답 및 해설 11쪽

5

쌓기나무로 쌓은 모양을 보고 설명이 틀린 부분을 모두 찾아 바르게 고치시오.

오른쪽
앞

4개
1층에는 쌓기나무 3개가 옆으로 나란히 있고,
가장 왼쪽에는 쌓기나무가 2개입니다.
3층

6

왼쪽과 오른쪽 모양을 비교하여 괄호 안의 알맞은 말에 ○표 하시오.

쌓기나무 1개를
(빼서 , 올겨서) →
만들었어요.

7

왼쪽 모양에서 쌓기나무 1개를 빼서 만들 수 없는 것에 ✕표 하시오.

8

아래 모양에서 뺀 쌓기나무에 ○표, 올긴 쌓기나무에는 양쪽 모두 △표 하시오.

1개 빼기 →   1개 올기기 →

1. 쌓기나무의 모양 35

※ 36쪽 <서술형으로 확인>의 답은 정답 및 해설 37쪽에서 확인하세요.

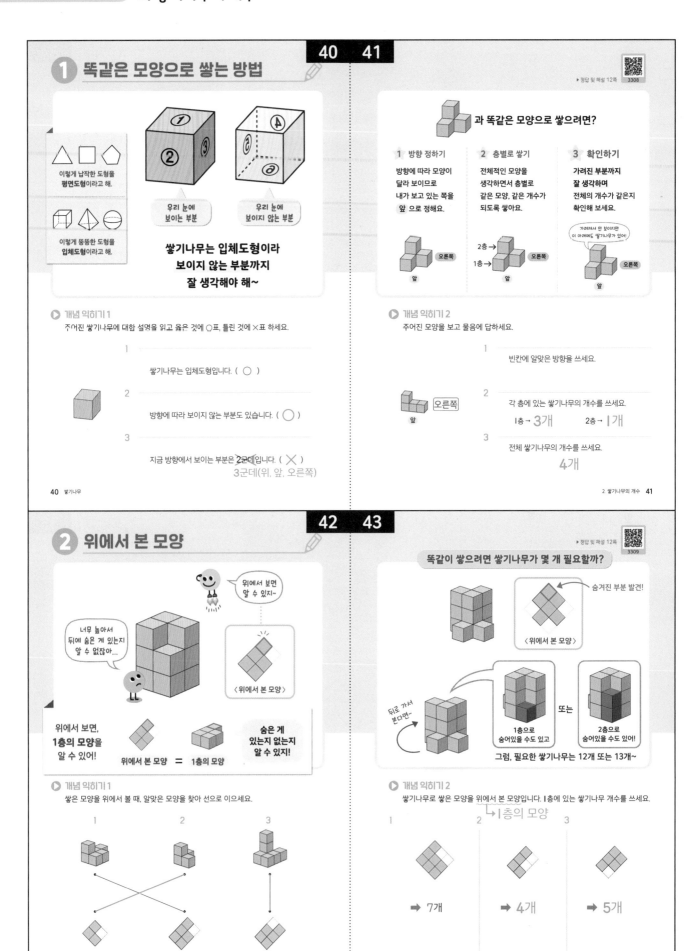

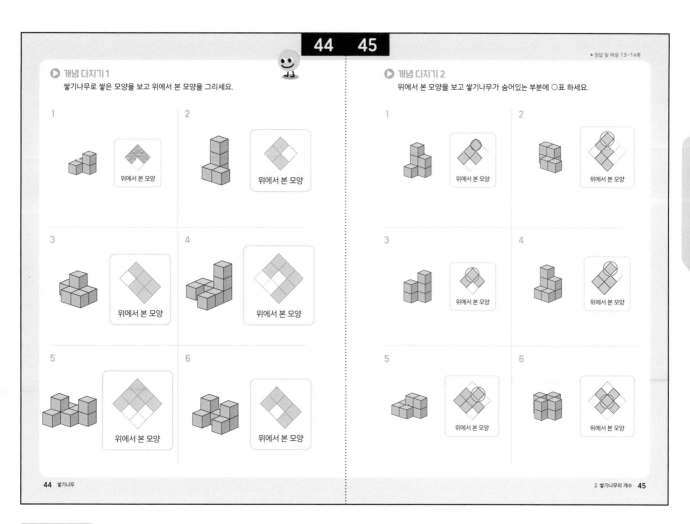

45쪽

45쪽

5

숨어있는
쌓기나무

위에서 본 모양

6

숨어있는
쌓기나무

위에서 본 모양

46

▶ 개념 마무리 1
쌓기나무로 만든 모양을 위에서 볼 때, 빗금 친 부분 ◈ 은 몇 층으로 쌓은 것인지
가능한 층수에 모두 ○표 하세요.

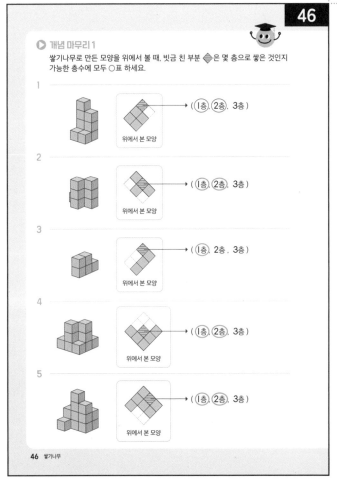

1
위에서 본 모양
→ (①층, ②층, 3층)

2
위에서 본 모양
→ (①층, ②층, 3층)

3
위에서 본 모양
→ (①층, 2층, 3층)

4
위에서 본 모양
→ (①층, ②층, 3층)

5
위에서 본 모양
→ (①층, ②층, 3층)

46 쌓기나무

46쪽

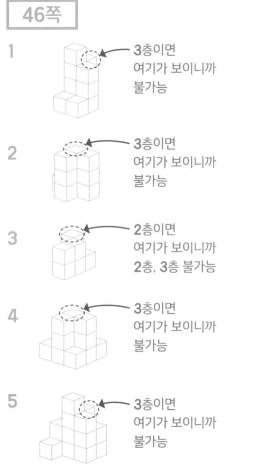

1
3층이면
여기가 보이니까
불가능

2
3층이면
여기가 보이니까
불가능

3
2층이면
여기가 보이니까
2층, 3층 불가능

4
3층이면
여기가 보이니까
불가능

5
3층이면
여기가 보이니까
불가능

1

위에서 본 모양

숨어있는 쌓기나무는 **1층** 또는 **2층**

왜냐하면,
3층이 있다면 이렇게
보이니까 불가능

숨어있지 않은 쌓기나무는 **6개**이므로,

- 숨어있는 쌓기나무가 **1층**일 때
  전체 개수는 **6+1=7(개)**

- 숨어있는 쌓기나무가 **2층**일 때
  전체 개수는 **6+2=8(개)**

답 **7개 또는 8개**

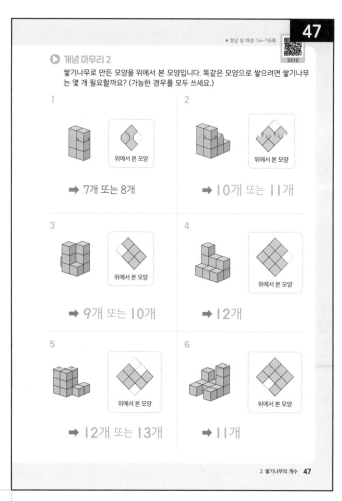

◑ 개념 마무리 2

쌓기나무로 만든 모양을 위에서 본 모양입니다. 똑같은 모양으로 쌓으려면 쌓기나무
는 몇 개 필요할까요? (가능한 경우를 모두 쓰세요.)

1 위에서 본 모양 ➡ 7개 또는 8개

2 위에서 본 모양 ➡ 10개 또는 11개

3 위에서 본 모양 ➡ 9개 또는 10개

4 위에서 본 모양 ➡ 12개

5 위에서 본 모양 ➡ 12개 또는 13개

6 위에서 본 모양 ➡ 11개

2. 쌓기나무의 개수 **47**

2

위에서 본 모양

숨어있는 쌓기나무는 **1층** 또는 **2층**

왜냐하면,
3층이 있다면 이렇게
보이니까 불가능

숨어있지 않은 쌓기나무는 **9개**이므로,

- 숨어있는 쌓기나무가 **1층**일 때
  전체 개수는 **9+1=10(개)**

- 숨어있는 쌓기나무가 **2층**일 때
  전체 개수는 **9+2=11(개)**

답 **10개 또는 11개**

3

위에서 본 모양

숨어있는 쌓기나무는 **1층** 또는 **2층**

왜냐하면,
3층이 있다면 이렇게
보이니까 불가능

숨어있지 않은 쌓기나무는 **8개**이므로,

- 숨어있는 쌓기나무가 **1층**일 때
  전체 개수는 **8+1=9(개)**

- 숨어있는 쌓기나무가 **2층**일 때
  전체 개수는 **8+2=10(개)**

답 **9개 또는 10개**

47쪽

4

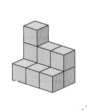
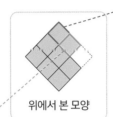

위에서 본 모양

여기 숨어있는
쌓기나무는 **1층**
왜냐하면,
2층이 있다면

이렇게 보이니까
불가능

여기 숨어있는 쌓기나무도 **1층**

왜냐하면,
2층이 있다면 이렇게
보이니까 불가능

숨어있지 않은 쌓기나무는 **10**개이므로,
전체 개수는 **10＋1＋1＝12**(개)

🔲 **12개**

5

위에서 본 모양

숨어있는 쌓기나무는 **1층** 또는 **2층**

왜냐하면,
3층이 있다면 이렇게
보이니까 불가능

숨어있지 않은 쌓기나무는 **11**개이므로,

• 숨어있는 쌓기나무가 **1층**일 때
  전체 개수는 **11＋1＝12**(개)
• 숨어있는 쌓기나무가 **2층**일 때
  전체 개수는 **11＋2＝13**(개)

🔲 **12개 또는 13개**

6

위에서 본 모양

숨어있는 쌓기나무 없음

따라서, 전체 개수는 **11**개

🔲 **11개**

③ 여러 방향에서 본 모양

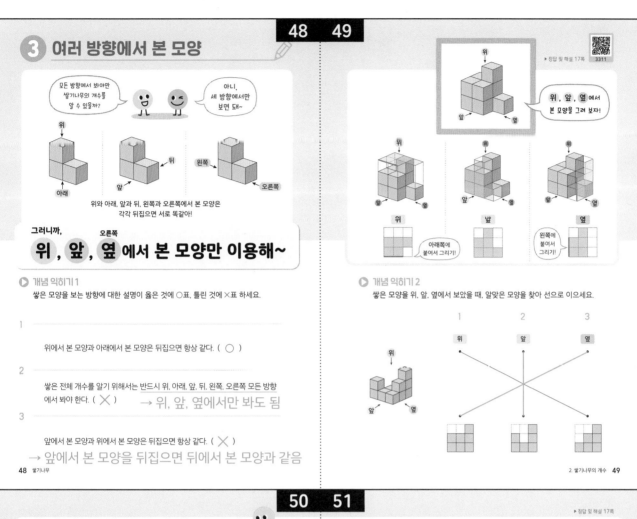

▶정답 및 해설 17쪽

모든 방향에서 봐야만
쌓기나무의 개수를
알 수 있을까?

아니,
세 방향에서만
보면 돼~

위와 아래, 앞과 뒤, 왼쪽과 오른쪽에서 본 모양은
각각 뒤집으면 서로 똑같아!

그러니까,

위, 앞, 오른쪽 옆 에서 본 모양만 이용해~

위, 앞, 옆 에서
본 모양을 그려 보자!

아래쪽에
붙여서 그리기!

왼쪽에
붙여서
그리기!

▶ 개념 익히기 1

쌓은 모양을 보는 방향에 대한 설명이 옳은 것에 ○표, 틀린 것에 ✕표 하세요.

1
위에서 본 모양과 아래에서 본 모양은 뒤집으면 항상 같다. (○)

2
쌓은 전체 개수를 알기 위해서는 반드시 위, 아래, 앞, 뒤, 왼쪽, 오른쪽 모든 방향
에서 봐야 한다. (✕)   → 위, 앞, 옆에서만 봐도 됨

3
앞에서 본 모양과 위에서 본 모양은 뒤집으면 항상 같다. (✕)
→ 앞에서 본 모양을 뒤집으면 뒤에서 본 모양과 같음

▶ 개념 익히기 2

쌓은 모양을 위, 앞, 옆에서 보았을 때, 알맞은 모양을 찾아 선으로 이으세요.

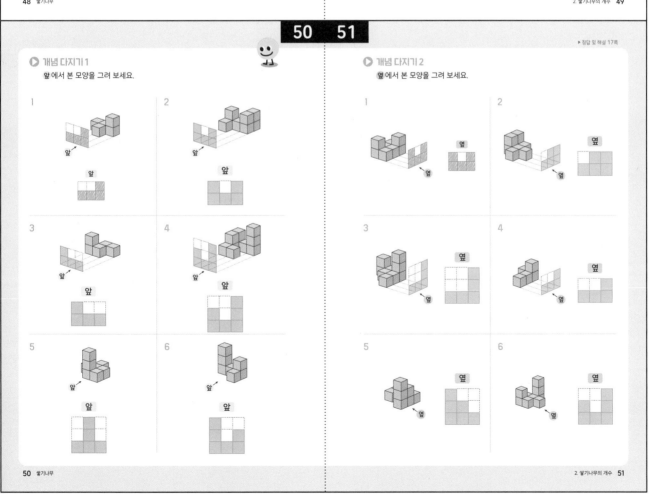

▶정답 및 해설 17쪽

▶ 개념 다지기 1
앞에서 본 모양을 그려 보세요.

▶ 개념 다지기 2
옆에서 본 모양을 그려 보세요.

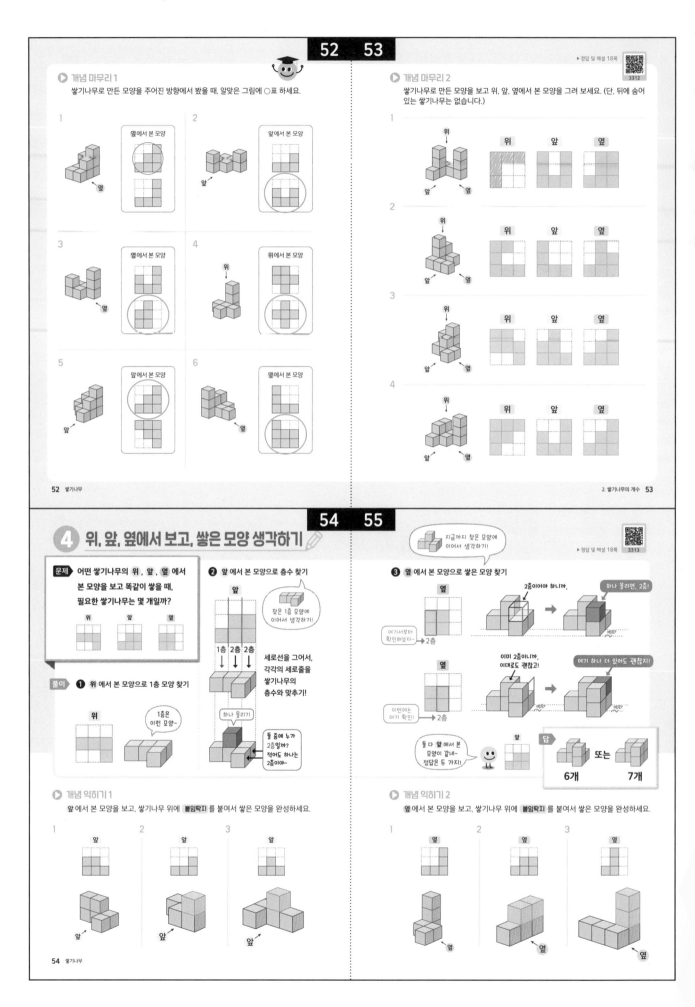

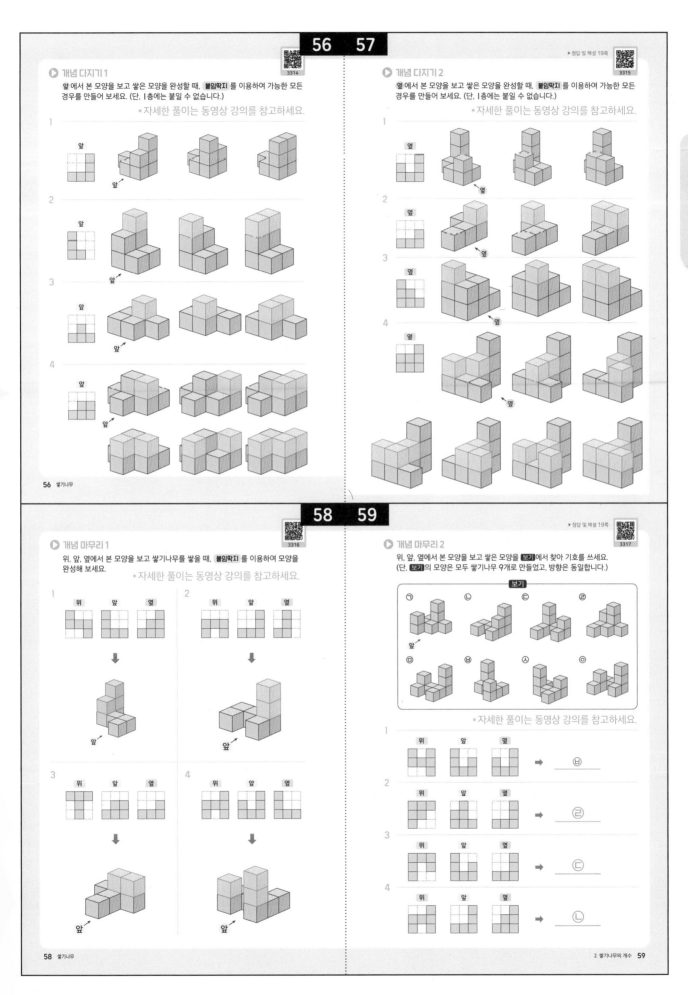

◐ 개념 다지기 1

앞에서 본 모양을 보고 쌓은 모양을 완성할 때, **붙임딱지** 를 이용하여 가능한 모든 경우를 만들어 보세요. (단, 1층에는 붙일 수 없습니다.)

＊자세한 풀이는 동영상 강의를 참고하세요.

1

2

3

4

◐ 개념 다지기 2

▶정답 및 해설 19쪽

옆에서 본 모양을 보고 쌓은 모양을 완성할 때, **붙임딱지** 를 이용하여 가능한 모든 경우를 만들어 보세요. (단, 1층에는 붙일 수 없습니다.)

＊자세한 풀이는 동영상 강의를 참고하세요.

1

2

3

4

◐ 개념 마무리 1

위, 앞, 옆에서 본 모양을 보고 쌓기나무를 쌓을 때, **붙임딱지** 를 이용하여 모양을 완성해 보세요.

＊자세한 풀이는 동영상 강의를 참고하세요.

1   위   앞   옆

앞

2   위   앞   옆

앞

3   위   앞   옆

앞

4   위   앞   옆

앞

◐ 개념 마무리 2

▶정답 및 해설 19쪽

위, 앞, 옆에서 본 모양을 보고 쌓은 모양을 **보기** 에서 찾아 기호를 쓰세요.
(단, **보기** 의 모양은 모두 쌓기나무 9개로 만들었고, 방향은 동일합니다.)

보기

ㄱ   ㄴ   ㄷ   ㄹ

앞

ㅁ   ㅂ   ㅅ   ㅇ

＊자세한 풀이는 동영상 강의를 참고하세요.

1   위   앞   옆   ➡   _____ㅂ_____

2   위   앞   옆   ➡   _____ㄹ_____

3   위   앞   옆   ➡   _____ㄷ_____

4   위   앞   옆   ➡   _____ㄴ_____

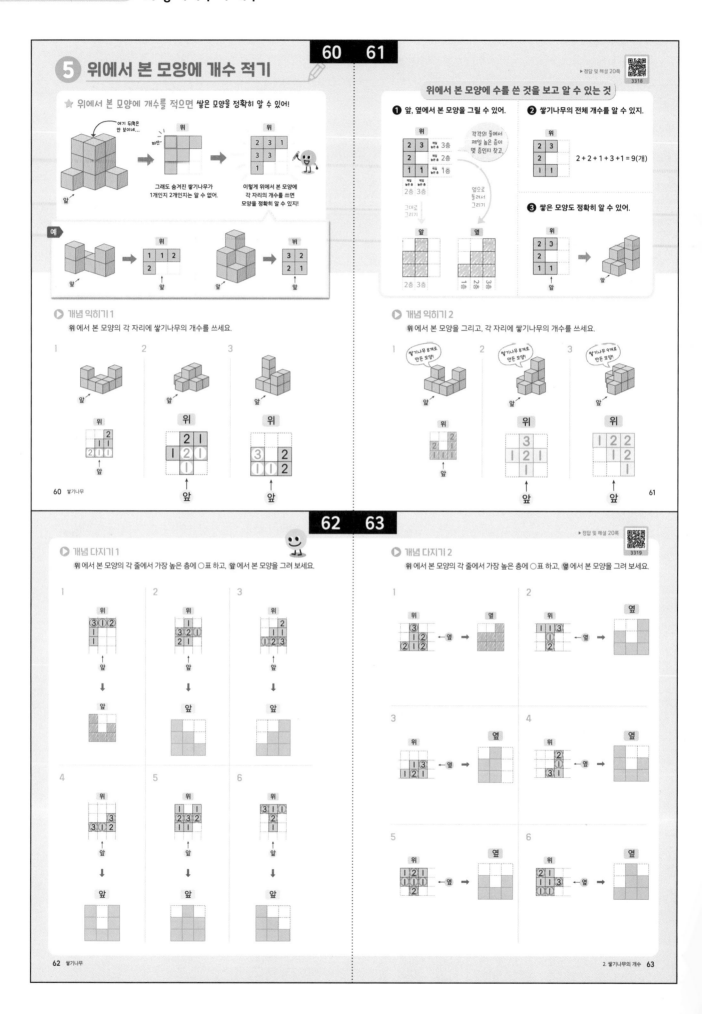

①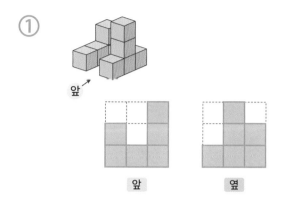

앞

앞   옆

②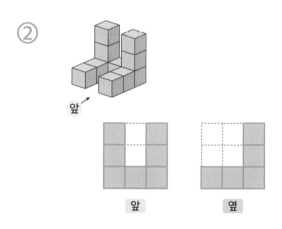

앞

앞   옆

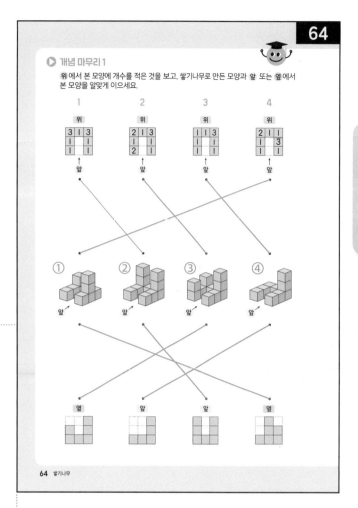

64

● 개념 마무리 1
위에서 본 모양에 개수를 적은 것을 보고, 쌓기나무로 만든 모양과 앞 또는 옆에서
본 모양을 알맞게 이으세요.

③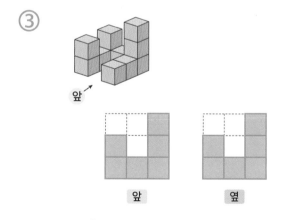

앞

앞   옆

④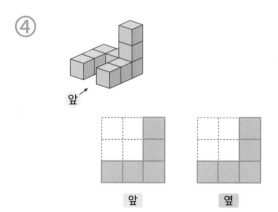

앞

앞   옆

65쪽

<풀이 방법>

<1단계>
앞과 옆에서 본 모양에서 각 줄의 최고 층수를 찾기

→

<2단계>
쌓기나무의 개수가 바로 정해지는 것 먼저 찾기

↓

<3단계>
남은 조건으로 나머지 부분의 쌓기나무 개수 찾기

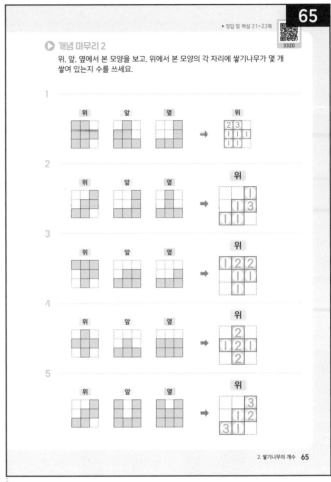

▶ 정답 및 해설 21~23쪽

65

◐ 개념 마무리 2
위, 앞, 옆에서 본 모양을 보고, 위에서 본 모양의 각 자리에 쌓기나무가 몇 개 쌓여 있는지 수를 쓰세요.

2. 쌓기나무의 개수 65

1

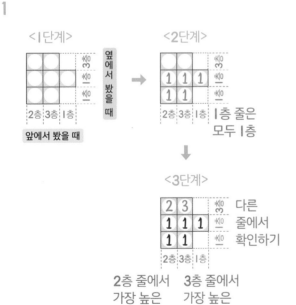

2

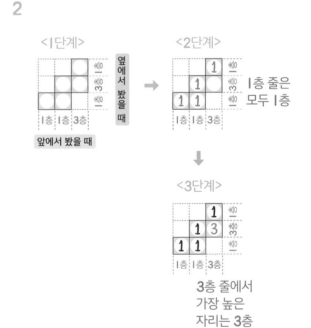

3

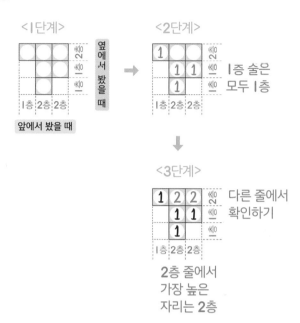

<1단계>

옆에서 봤을 때

앞에서 봤을 때

<2단계>

1층 술은
모두 1층

<3단계>

다른 줄에서
확인하기

2층 줄에서
가장 높은
자리는 2층

4

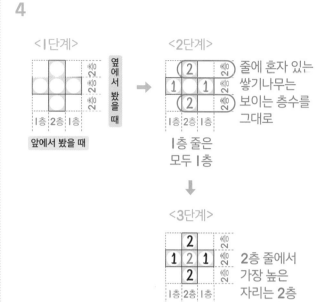

<1단계>

옆에서 봤을 때

앞에서 봤을 때

<2단계>

줄에 혼자 있는
쌓기나무는
보이는 층수를
그대로

1층 줄은
모두 1층

<3단계>

2층 줄에서
가장 높은
자리는 2층

5

<1단계>

옆에서 봤을 때

앞에서 봤을 때

<2단계>

줄에 혼자 있는
쌓기나무는
보이는 층수를
그대로

1층 줄은
모두 1층

<3단계>

2층 줄에서
가장 높은
자리는 2층

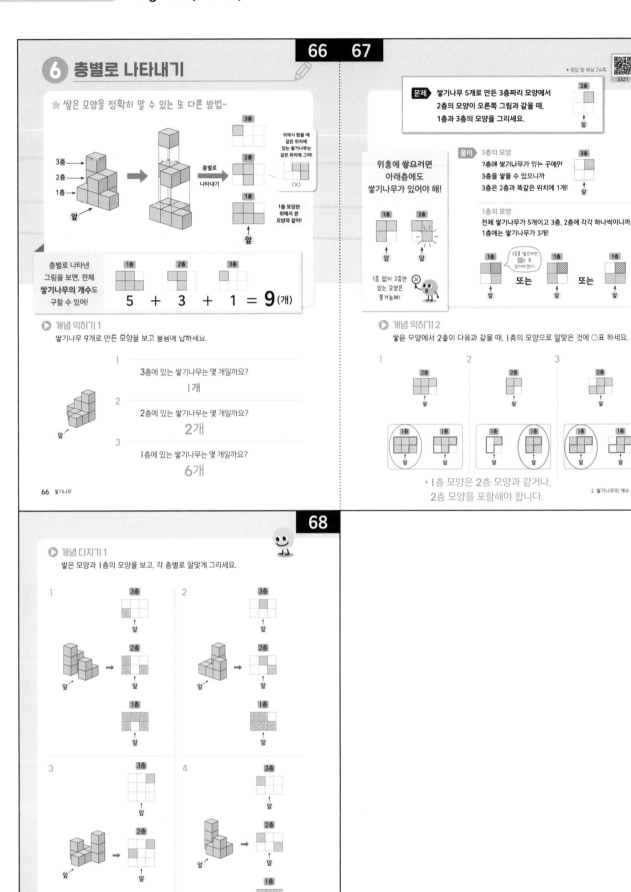

I층 모양(=위에서 본 모양)을 그리고,
3층까지 있는 위치에는 3을,
2층까지 있는 위치에는 2를,
I층만 있는 위치에는 I을 쓰면 됩니다.

1

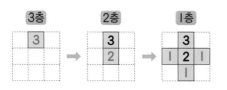

2

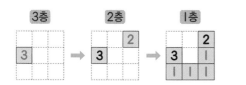

3

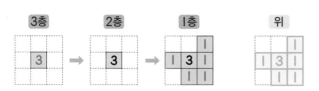

4

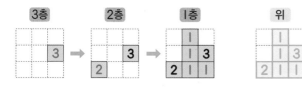

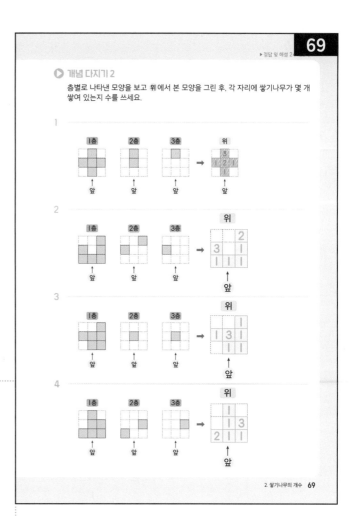

개념 다지기 2

층별로 나타낸 모양을 보고 위에서 본 모양을 그린 후, 각 자리에 쌓기나무가 몇 개 쌓여 있는지 수를 쓰세요.

2. 쌓기나무의 개수 69

1층 모양: 2층 모양과 같거나, 2층 모양을 포함해야 함.
3층 모양: 2층 모양과 같거나, 2층 모양의 안쪽이어야 함.

1

· 1층 모양
  찾기

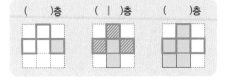

· 3층 모양
  찾기

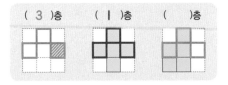

2

· 1층 모양
  찾기

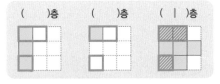

· 3층 모양
  찾기

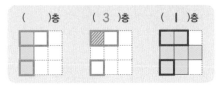

3

· 1층 모양
  찾기

· 3층 모양
  찾기

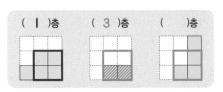

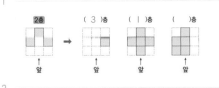

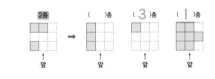

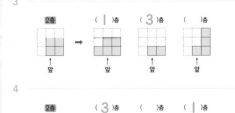

4

· 1층 모양
  찾기

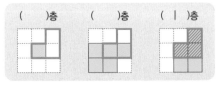

· 3층 모양
  찾기

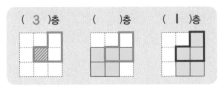

1층 모양: 2층 모양과 같거나, 2층 모양을 포함해야 함.
3층 모양: 2층 모양과 같거나, 2층 모양의 안쪽이어야 함.

1 쌓기나무 **11**개로 만들 때

• **1층 모양**

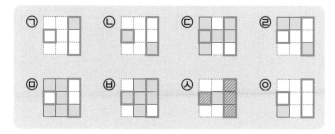

→ **1층 모양**: ㊂

• **3층 모양**

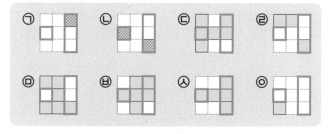

→ **3층 모양이 될 수 있는 것**: ㉠, ㉡

그런데, 쌓기나무 **11**개로 만들었으므로

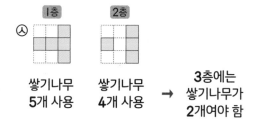

→ **3층 모양**: ㉡

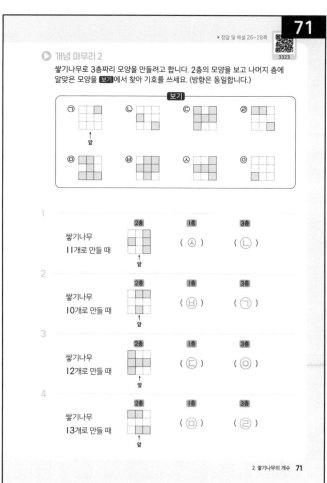

▶정답 및 해설 26~28쪽

▶ **개념 마무리 2**

쌓기나무로 3층짜리 모양을 만들려고 합니다. 2층의 모양을 보고 나머지 층에
알맞은 모양을 **보기**에서 찾아 기호를 쓰세요. (방향은 동일합니다.)

1 쌓기나무
11개로 만들 때 — 2층 / 1층 (㊂) / 3층 (㉡)

2 쌓기나무
10개로 만들 때 — 2층 / 1층 (㉫) / 3층 (㉠)

3 쌓기나무
12개로 만들 때 — 2층 / 1층 (㉢) / 3층 (㉸)

4 쌓기나무
13개로 만들 때 — 2층 / 1층 (㉤) / 3층 (㉣)

2. 쌓기나무의 개수 **71**

* **2~4번 해설은 뒷장에 있습니다.**

71쪽

2 쌓기나무 10개로 만들 때

- **1층 모양**

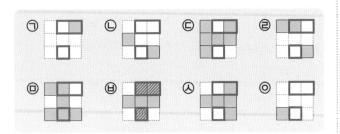

→ 1층 모양: ㅂ

- **3층 모양**

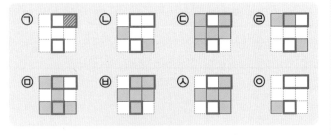

→ 3층 모양: ㄱ

3 쌓기나무 12개로 만들 때

- **1층 모양**

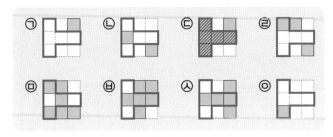

→ 1층 모양: ㄷ

- **3층 모양**

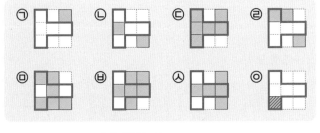

→ 3층 모양: ㅇ

4 쌓기나무 13개로 만들 때

- **1층 모양**

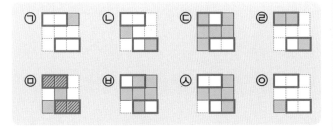

→ 1층 모양: ㅁ

- **3층 모양**

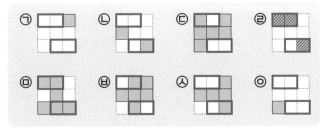

→ 3층 모양: ㄹ

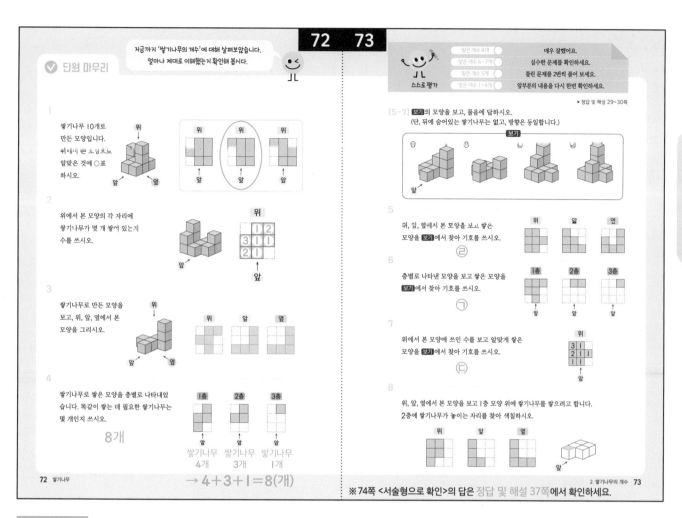

▶ 정답 및 해설 29~30쪽

※74쪽 <서술형으로 확인>의 답은 정답 및 해설 37쪽에서 확인하세요.

73쪽

5

위에서 본 모양이 인 것: ㉢, ㉣

→ ㉢, ㉣ 중에서 앞에서 본 모양이 █ 이고,

옆에서 본 모양이 █ 인 것은 ㉣

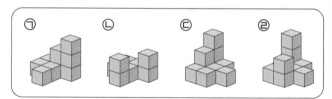

답 ㉣

6

1층 모양이 █ 인 것: ㉠, ㉡

→ ㉠, ㉡ 중에서 2층 모양이 █ 이고,

3층 모양이 █ 인 것은 ㉠

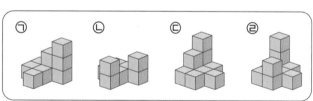

답 ㉠

73쪽

8

<풀이 방법>

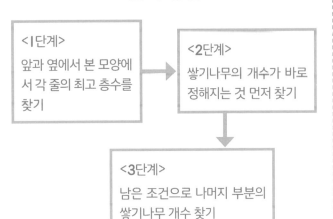

<I단계>
앞과 옆에서 본 모양에서 각 줄의 최고 층수를 찾기

<2단계>
쌓기나무의 개수가 바로 정해지는 것 먼저 찾기

<3단계>
남은 조건으로 나머지 부분의 쌓기나무 개수 찾기

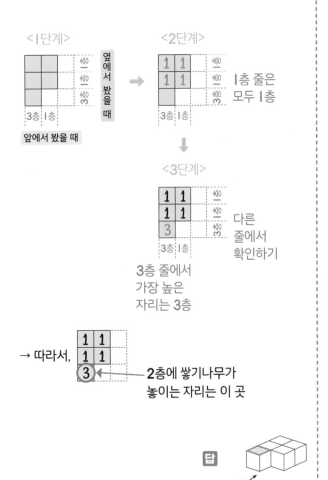

<I단계>

옆에서 봤을 때

앞에서 봤을 때

<2단계>

I층 줄은
모두 I층

<3단계>

3층 줄에서
가장 높은
자리는 3층

다른
줄에서
확인하기

→ 따라서,

2층에 쌓기나무가
놓이는 자리는 이 곳

답

앞

3. 여러 가지 모양 만들기

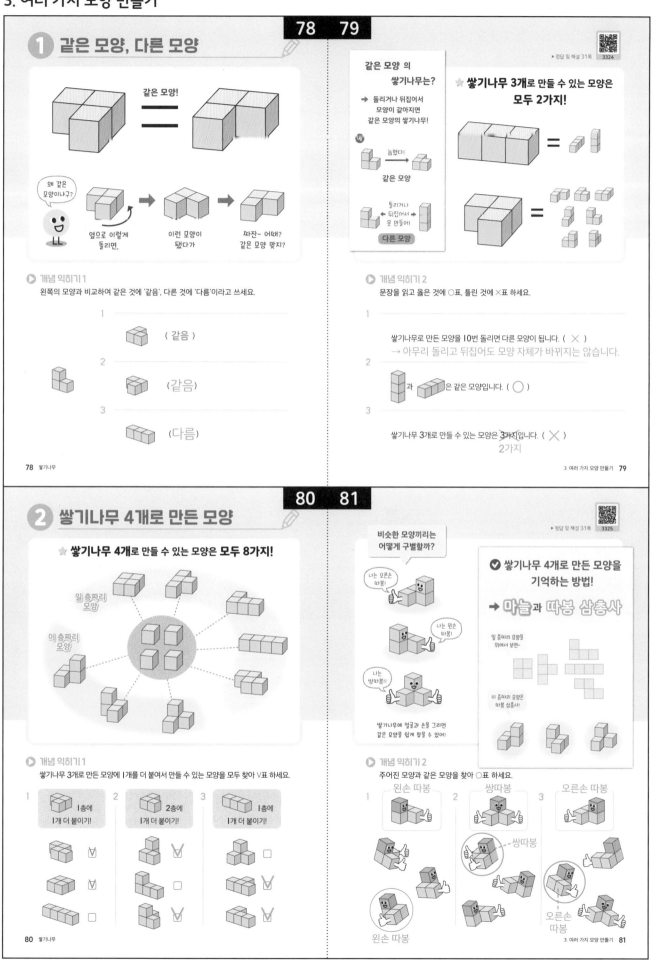

1 같은 모양, 다른 모양

개념 익히기 1
왼쪽의 모양과 비교하여 같은 것에 '같음', 다른 것에 '다름'이라고 쓰세요.

1 (같음)

2 (같음)

3 (다름)

같은 모양 의
쌓기나무는?
→ 돌리거나 뒤집어서 모양이 같아지면 같은 모양의 쌓기나무!

같은 모양

돌리거나 뒤집어서 못 만들어!
다른 모양

★ 쌓기나무 3개로 만들 수 있는 모양은 모두 2가지!

개념 익히기 2
문장을 읽고 옳은 것에 ○표, 틀린 것에 ×표 하세요.

1 쌓기나무로 만든 모양을 10번 돌리면 다른 모양이 됩니다. (×)
→ 아무리 돌리고 뒤집어도 모양 자체가 바뀌지는 않습니다.

2 과 은 같은 모양입니다. (○)

3 쌓기나무 3개로 만들 수 있는 모양은 3가지입니다. (×)
2가지

---

2 쌓기나무 4개로 만든 모양

★ 쌓기나무 4개로 만들 수 있는 모양은 모두 8가지!

일 층짜리 모양

이 층짜리 모양

개념 익히기 1
쌓기나무 3개로 만든 모양에 1개를 더 붙여서 만들 수 있는 모양을 모두 찾아 V표 하세요.

1 1층에 1개 더 붙이기!
☑
☑
☐

2 2층에 1개 더 붙이기!
☑
☐
☑

3 1층에 1개 더 붙이기!
☐
☑
☑

비슷한 모양끼리는 어떻게 구별할까?

나는 오른손 따봉!
나는 왼손 따봉!
나는 쌍따봉!!

쌓기나무에 얼굴과 손을 그리면 같은 모양을 쉽게 찾을 수 있어!

✔ 쌓기나무 4개로 만든 모양을 기억하는 방법!

→ 마늘과 따봉 삼총사

밑 층짜리 모양을 위에서 보면~

이 층짜리 모양은 따봉 삼총사!

개념 익히기 2
주어진 모양과 같은 모양을 찾아 ○표 하세요.

1 왼손 따봉

2 쌍따봉
쌍따봉

3 오른손 따봉
오른손 따봉

왼손 따봉

정답 및 해설 **31**

▶정답 및 해설 31쪽　3324

▶정답 및 해설 31쪽　3325

정답 및 해설

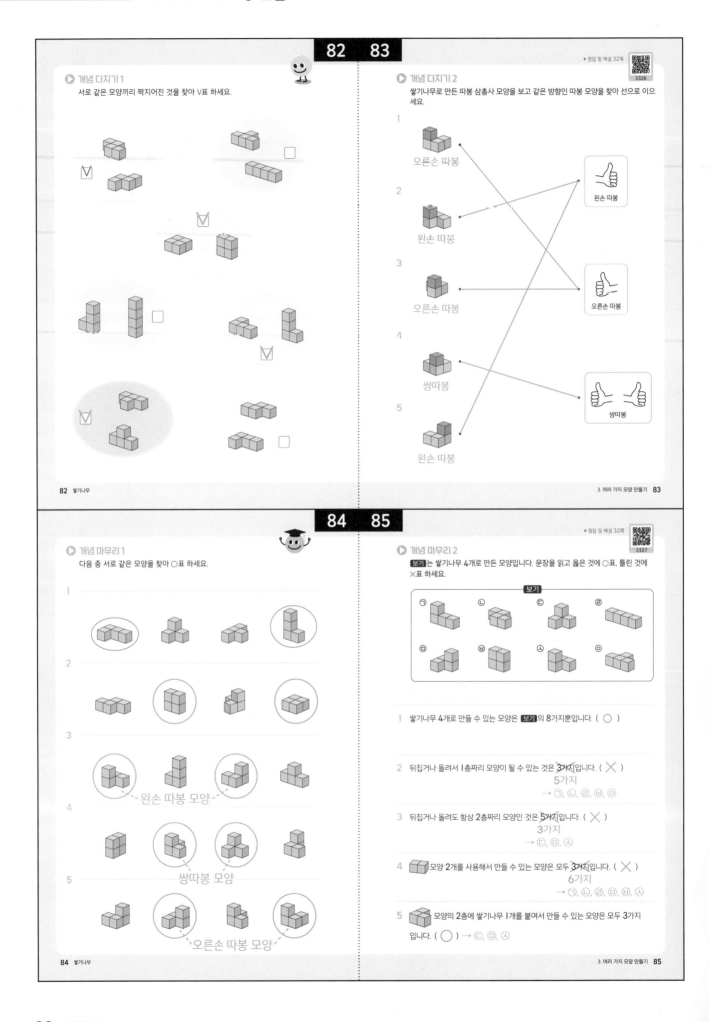

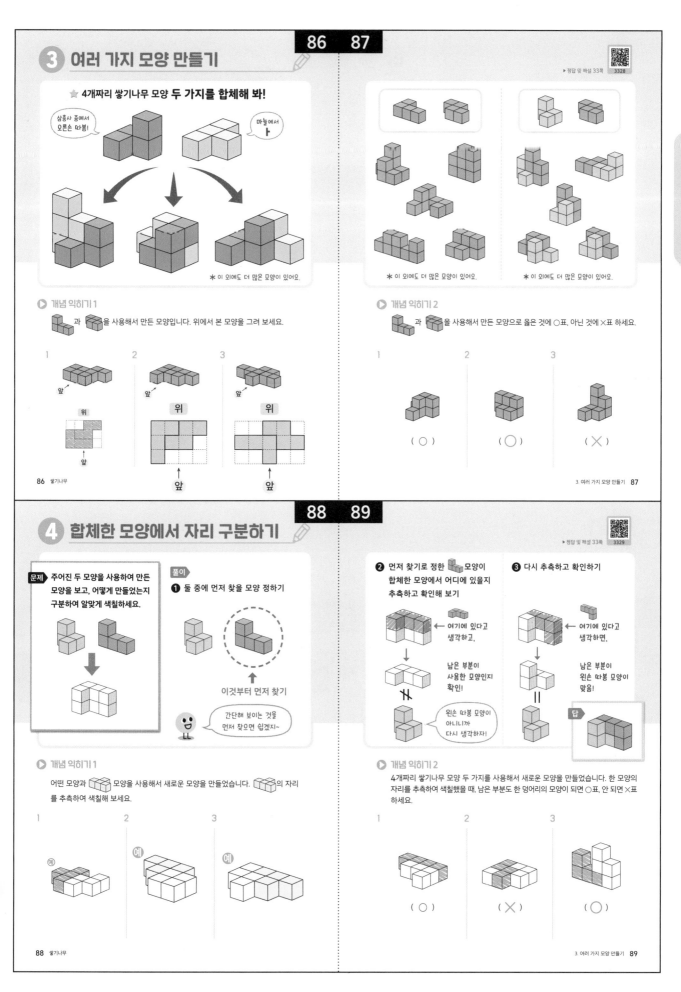

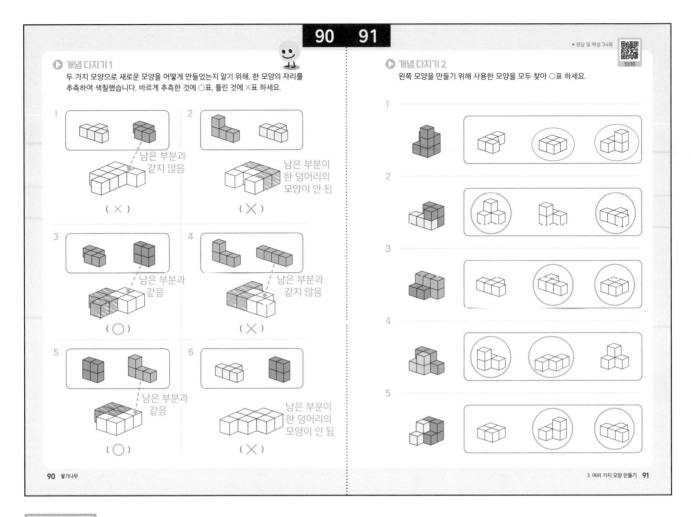

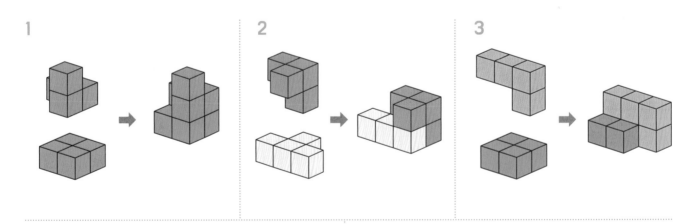

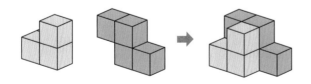

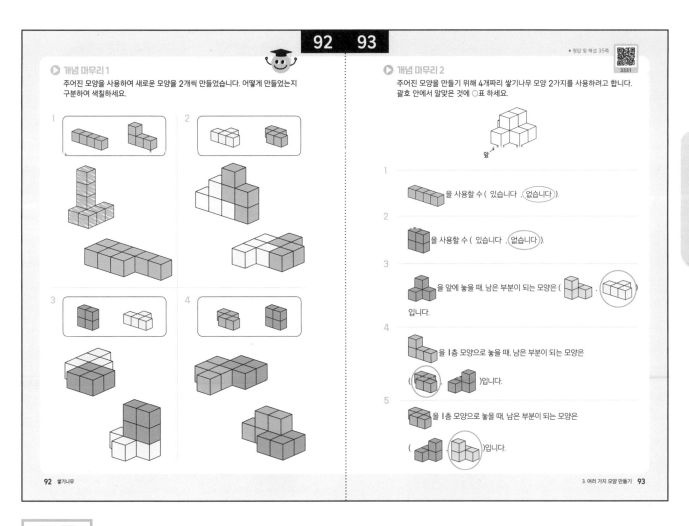

1 쌓기나무 **4**개가
나란히 들어갈 수 있는
부분이 없습니다.

2 이 들어가면 남은 부분이
완전한 한 덩어리의 모양이 되지 않음

3

4

5

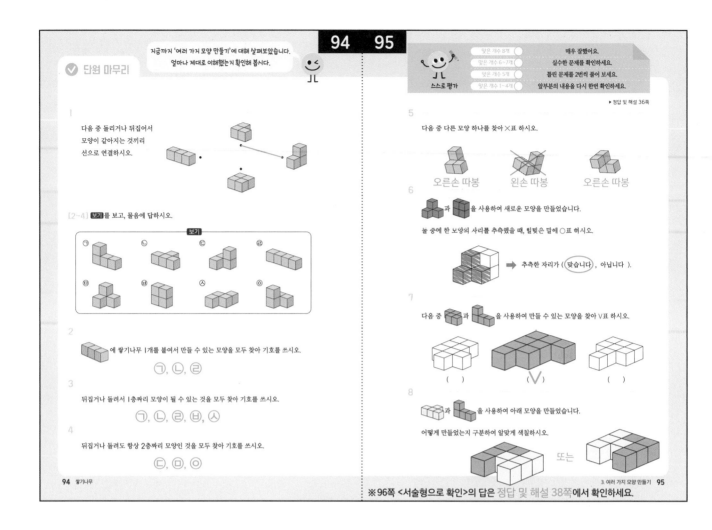

스스로 평가

맞은 개수 8개	매우 잘했어요.
맞은 개수 6~7개	실수한 문제를 확인하세요.
맞은 개수 5개	틀린 문제를 2번씩 풀어 보세요.
맞은 개수 1~4개	앞부분의 내용을 다시 한번 확인하세요.

▶ 정답 및 해설 36쪽

단원 마무리

지금까지 '여러 가지 모양 만들기'에 대해 살펴보았습니다.
얼마나 제대로 이해했는지 확인해 봅시다.

쌓기나무

1 다음 중 돌리거나 뒤집어서 모양이 같아지는 것끼리 선으로 연결하시오.

[2~4] **보기**를 보고, 물음에 답하시오.

보기

㉠ ㉡ ㉢ ㉣ ㉤ ㉥ ㉦ ㉧

2 ▢에 쌓기나무 1개를 붙여서 만들 수 있는 모양을 모두 찾아 기호를 쓰시오.

㉠, ㉡, ㉣

3 뒤집거나 돌려서 1층짜리 모양이 될 수 있는 것을 모두 찾아 기호를 쓰시오.

㉠, ㉡, ㉣, ㉥, ㉦

4 뒤집거나 돌려도 항상 2층짜리 모양인 것을 모두 찾아 기호를 쓰시오.

㉢, ㉤, ㉧

5 다음 중 다른 모양 하나를 찾아 ×표 하시오.

오른손 따봉   왼손 따봉   오른손 따봉

6 ▢과 ▢을 사용하여 새로운 모양을 만들었습니다.

둘 중에 한 모양의 자리를 추측했을 때, 밑줄 친 말에 ○표 하시오.

➡ 추측한 자리가 ((맞습니다) , 아닙니다).

7 다음 중 ▢과 ▢을 사용하여 만들 수 있는 모양을 찾아 ∨표 하시오.

( )   (∨)   ( )

8 ▢과 ▢을 사용하여 아래 모양을 만들었습니다.

어떻게 만들었는지 구분하여 알맞게 색칠하시오.

또는

※96쪽 <서술형으로 확인>의 답은 정답 및 해설 38쪽에서 확인하세요.

1. 쌓기나무의 모양

2. 쌓기나무의 개수

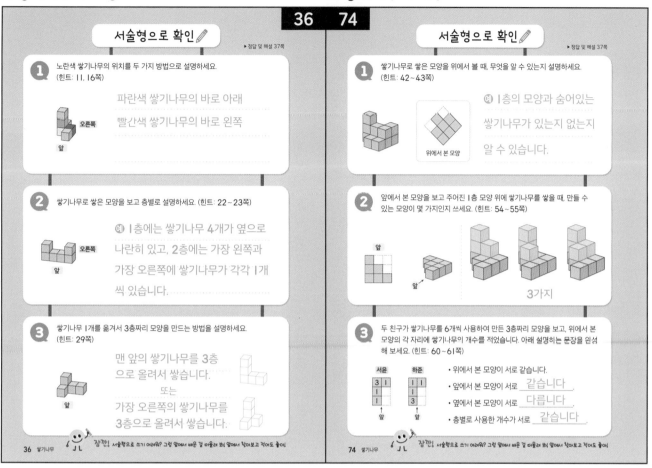

서술형으로 확인 ✏️

▶정답 및 해설 37쪽

1 노란색 쌓기나무의 위치를 두 가지 방법으로 설명하세요.
(힌트: 11, 16쪽)

파란색 쌓기나무의 바로 아래

빨간색 쌓기나무의 바로 왼쪽

2 쌓기나무로 쌓은 모양을 보고 층별로 설명하세요. (힌트: 22~23쪽)

예 1층에는 쌓기나무 4개가 옆으로 나란히 있고, 2층에는 가장 왼쪽과 가장 오른쪽에 쌓기나무가 각각 1개씩 있습니다.

3 쌓기나무 1개를 옮겨서 3층짜리 모양을 만드는 방법을 설명하세요. (힌트: 29쪽)

맨 앞의 쌓기나무를 3층으로 올려서 쌓습니다.
또는
가장 오른쪽의 쌓기나무를 3층으로 올려서 쌓습니다.

36 쌓기나무

서술형으로 확인 ✏️

▶정답 및 해설 37쪽

1 쌓기나무로 쌓은 모양을 위에서 볼 때, 무엇을 알 수 있는지 설명하세요.
(힌트: 42~43쪽)

예 1층의 모양과 숨어있는 쌓기나무가 있는지 없는지 알 수 있습니다.

위에서 본 모양

2 앞에서 본 모양을 보고 주어진 1층 모양 위에 쌓기나무를 쌓을 때, 만들 수 있는 모양이 몇 가지인지 쓰세요. (힌트: 54~55쪽)

3가지

3 두 친구가 쌓기나무를 6개씩 사용하여 만든 3층짜리 모양을 보고, 위에서 본 모양의 각 자리에 쌓기나무의 개수를 적었습니다. 아래 설명하는 문장을 완성해 보세요. (힌트: 60~61쪽)

• 위에서 본 모양이 서로 같습니다.
• 앞에서 본 모양이 서로 <u>같습니다</u>.
• 옆에서 본 모양이 서로 <u>다릅니다</u>.
• 층별로 사용한 개수가 서로 <u>같습니다</u>.

74 쌓기나무

74쪽

3

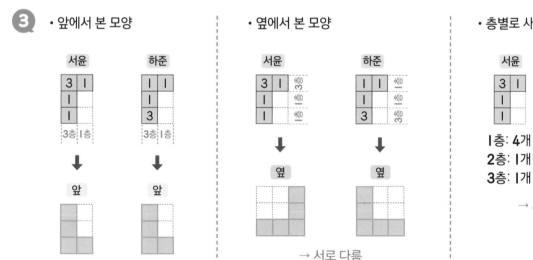

• 앞에서 본 모양

→ 서로 같음

• 옆에서 본 모양

→ 서로 다름

• 층별로 사용한 개수

1층: 4개 1층: 4개
2층: 1개 2층: 1개
3층: 1개 3층: 1개

→ 서로 같음

3. 여러 가지 모양 만들기

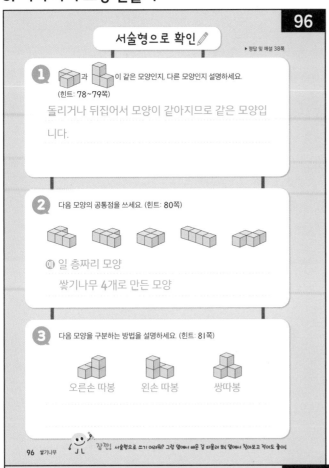

96

서술형으로 확인 ✏️
▶정답 및 해설 38쪽

1 과 이 같은 모양인지, 다른 모양인지 설명하세요.
(힌트: 78~79쪽)

돌리거나 뒤집어서 모양이 같아지므로 같은 모양입니다.

2 다음 모양의 공통점을 쓰세요. (힌트: 80쪽)

예 일 층짜리 모양

쌓기나무 4개로 만든 모양

3 다음 모양을 구분하는 방법을 설명하세요. (힌트: 81쪽)

오른손 따봉　　왼손 따봉　　쌍따봉

잠깐! 서술형으로 쓰기 어려워? 그럼 앞에서 배운 걸 떠올려 봐! 앞에서 찾아보고 적어도 좋아!

96 쌓기나무

4. 여러 가지 모양 만들기 연습

100　101

연습 문제
▶정답 및 해설 38쪽

▶ 4개짜리 쌓기나무 모양 두 가지를 사용하여 아래의 모양을 만들었습니다. 어떻게 만들었는지 구분하여 색칠해 보세요.

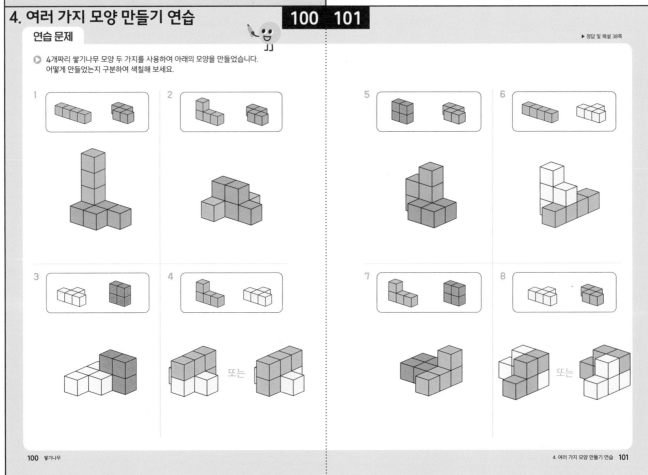

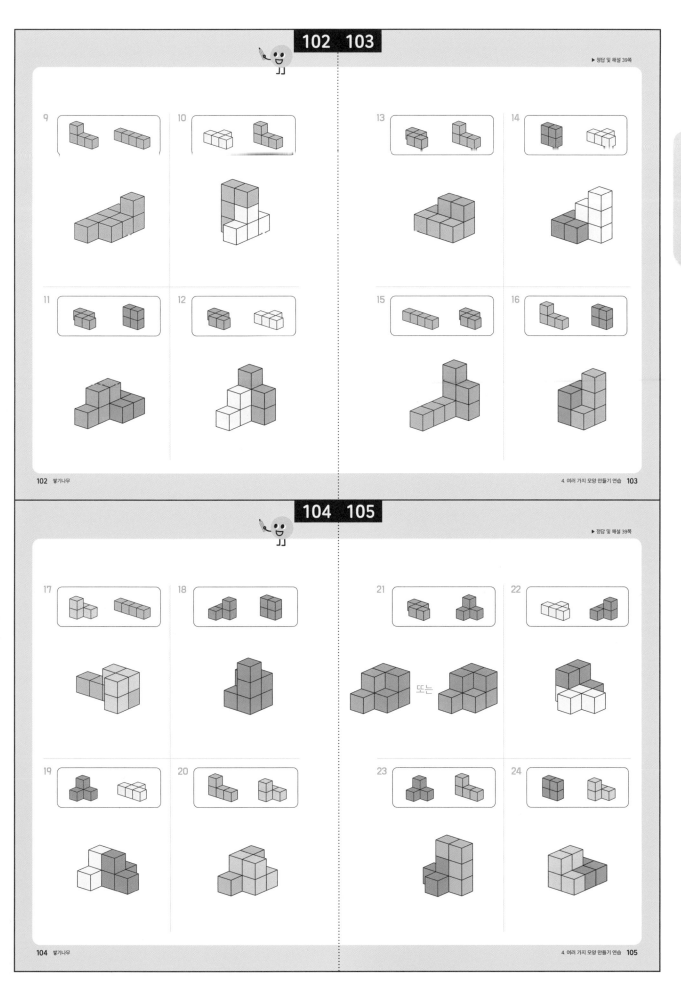

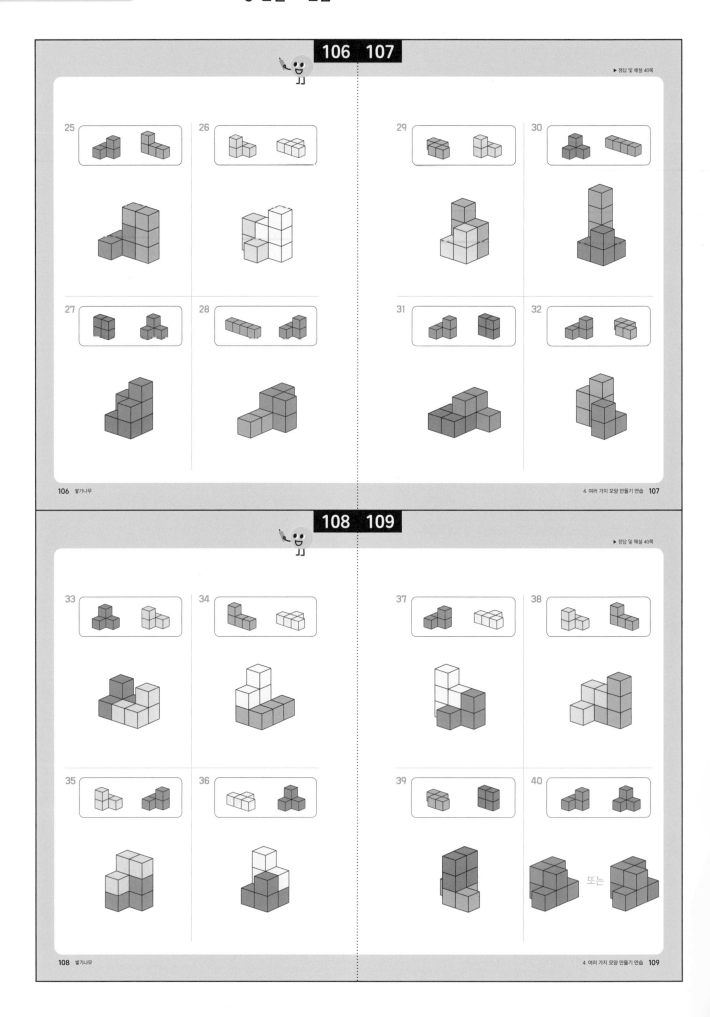

교육 R&D에 앞서가는
(Key) 키출판사

초등수학
쌓기나무